Joseph Gay-Lussac

Untersuchungen über das Jod

Joseph Gay-Lussac

Untersuchungen über das Jod

ISBN/EAN: 9783743367173

Hergestellt in Europa, USA, Kanada, Australien, Japan

Cover: Foto ©berggeist007 / pixelio.de

Manufactured and distributed by brebook publishing software (www.brebook.com)

Joseph Gay-Lussac

Untersuchungen über das Jod

Untersuchungen

über das

JOD

von

GAY-LUSSAC
Mitglied des königlichen Instituts

(1814).

Herausgegeben

von

W. Ostwald.

LEIPZIG

VERLAG VON WILHELM ENGELMANN

1889.

Untersuchungen über das Jod
von
Gay-Lussac,
Mitglied des kgl. Instituts.

Gelesen im Institut am 1. Aug. 1814.[1])

(Annales de Chimie 91, 5—96, 1814.)

Ich habe der Klasse des Instituts bereits zwei Mal, in ihren Sitzungen am 6. und am 20. December 1813, von dem neuen von Herrn *Courtois* entdeckten Körper Mittheilung gemacht, den ich nach der schönen violetten Farbe seines Dampfes Jod nennen zu dürfen glaube, und habe ihr die Resultate der Versuche mitgetheilt, welche ich, gleich nachdem dieser Körper bekannt geworden war, zur Bestimmung der Natur desselben und der Stelle, die [6] er unter den andern Körpern einnimmt, angestellt hatte. Seitdem habe ich zu diesen Untersuchungen neue hinzugefügt, und diese sind es, welche ich jetzt der Klasse vorzulegen im Begriff bin. Ich bedarf ihrer Nachsicht weniger wegen der Länge der Zeit, die seit jenen Mittheilungen verflossen ist, als wegen der Einzelheiten, in die ich hier eingehen werde. Ich bedauere nur, dass meine Arbeit dadurch an Interesse verliert, dass sie nach der des Herrn *Vauquelin* erscheint, welche ich jedoch noch nicht kenne; es wird mir wenigstens Genugthuung gewähren, wenn ich in den Gegenständen mit ihm übereinstimme, die wir beide bearbeitet haben.

Eigenschaften des Jods.

Das Jod im festen Zustande ist schwarzgrau, sein Dampf aber ist sehr schön violett. — Es riecht gerade so wie das Chlor, doch schwächer.

Häufig kommt es in Flimmern oder Blättchen vor, die denen des Eisenglimmers ähnlich sind, manchmal aber in sehr breiten und sehr glänzenden rhombischen Blättern oder Tafeln; auch habe ich es in länglichen Octaedern von ungefähr 1 Centimeter Länge erhalten. — Wenn es in Masse ist, hat es einen blättrigen Bruch, von Fettglanz. — Es ist sehr weich und zerreiblich, und lässt sich sehr fein in der Reibschale pulvern.

Sein Geschmack ist sehr herb, obgleich seine Auflöslichkeit nur ausnehmend gering ist. [7] — Es färbt anfangs die Haut sehr dunkel gelb-braun, diese Farbe verliert sich aber allmählich. — Wie das Chlor zerstört es die Pflanzenfarben, doch weit weniger kräftig. — Wasser löst von ihm ungefähr $1/7000$ seines Gewichts auf, und färbt sich dadurch orange-gelb. — Sein specifisches Gewicht ist 4,948 bei einer Temperatur von 17^0 C.

Das Jod schmilzt in einer Wärme von 107^0 C. Unter einem Druck von 76 Centimeter Quecksilberhöhe verflüchtigt es sich in einer Wärme von 175 oder 180^0 C. Um diese letzteren Bestimmungen mit Genauigkeit zu erhalten, habe ich Jod in concentrirte Schwefelsäure, welche nur wenig auf dasselbe einwirkt, im Ueberschuss gethan, und beobachtet, bis zu welcher Temperatur die Schwefelsäure erhitzt werden konnte, bis die Joddämpfe die Säure durchbrachen. Zwei Versuche, welche unter etwas verschiedenen Umständen angestellt wurden, gaben mir seinen Siedepunkt, der eine 175^0, der andere 180^0 C.*). — Das Jod geht mit Wasser, welchem man es beigemengt hat, beim Destilliren über; man glaubte daher anfangs, es habe ungefähr einerlei Flüchtigkeit mit dem Wasser, dieses ist aber ein Irrthum. In der Siedehitze des Wassers vermengt sich der Dampf des Jods mit dem Wasserdampfe in [8] eben der Menge, in der er einen eben so grossen leeren Raum ausfüllen würde, und wird in den Recipienten mit hinüber gerissen, in welchem er sich verdichtet; und so liesse sich daher das Jod in einer noch weit geringeren Hitze überdestilliren[2]). Dieselbe Erscheinung findet bei den ätherischen Oelen statt, welche für sich allein erst in einer Wärme von ungefähr 155^0 C. kochen, und die man doch, wenn man sie mit Wasser vermengt hat, bei einer Wärme von 100^0 C. überdestillirt.

Das Jod scheint die Elektricität nicht zu leiten. Ich brachte ein kleines Stück in eine galvanische Kette, und dadurch fand sich die Wasserzersetzung augenblicklich gehemmt.

---

*) Dieser Versuch ist nicht ganz gefahrlos. Obgleich ich Glasstückchen in die Schwefelsäure gethan hatte, verwandelte sich doch bei dem zweiten Versuche das Jod mit einem Male in Dampf, und trieb die Schwefelsäure aus dem Gefässe, welche mir die rechte Hand und den rechten Fuss sehr stark verbrannte.

Das Jod ist nicht entzündlich und verbrennlich, und lässt sich selbst auf keine Art direct mit dem Sauerstoff vereinigen. Ich halte es für einen einfachen Körper, und stelle es den Versuchen zufolge, die ich theils schon bekannt gemacht habe, theils weiterhin anführen werde, zwischen den Schwefel und das Chlor, weil seine Verwandtschaften stärker als die des erstern, aber schwächer als die des letztern sind. Es erzeugt, wie diese beiden einfachen Körper, zwei Säuren, die eine in Verbindung mit Sauerstoff, die zweite in Verbindung mit Wasserstoff; auch die meisten andern seiner Verbindungen haben viel Aehnliches mit den Verbindungen, welche der Schwefel und das Chlor mit andern Körpern eingehen. Da die Säuren, welche das Chlor, das Jod und der Schwefel mit dem Wasserstoff bilden, [9] die Eigenschaften der durch den Sauerstoff gebildeten besitzen, so müssen sie mit ihnen in eine Klasse unter dem gemeinsamen Namen Säuren gestellt werden; um sie aber zu unterscheiden, schlage ich vor, dem speciellen Namen der Säure, welche man in Betracht zieht, die Vorsilben Hydro vorzusetzen, so dass die sauren Verbindungen des Wasserstoffs mit dem Chlor, dem Jod und dem Schwefel die Namen Hydrochlorsäure, Hydrojodsäure und Hydroschwefelsäure erhalten würden; die sauren Verbindungen des Sauerstoffs mit denselben Stoffen würden, nach den Grundlagen der gebräuchlichen Nomenclatur, Chlorsäure, Jodsäure u. s. w. heissen. Die Namen Chlorür oder Jodür bezeichneten die Verbindungen des Chlors und des Jods mit den verbrennlichen Stoffen und mit den Oxyden: so würde das *muriate oxigéné de chaux* durch den Ausdruck Kalkchlorür (Chlorkalk) bezeichnet werden.

Ueber die Verbindung des Jods mit den einfachen Stoffen, insbesondere über die Jodwasserstoffsäure.

Das Jod verbindet sich mit den meisten verbrennlichen Körpern, ich habe aber nur einige dieser Verbindungen untersucht.

Der Phosphor vereinigt sich mit ihm in verschiedenen Verhältnissen, unter Entbindung von Wärme, [10] aber ohne Leuchten. Ich erhielt aus 1 Theil Phosphor und 8 Theilen Jod eine Verbindung, die orange-rothbraun war, bei ungefähr 100° C. schmolz, sich in einer höheren Temperatur verflüchtigte, und in Wasser gebracht Phosphorwasserstoffgas entband, Phosphor in Flocken absetzte, und das farblos bleibende Wasser mit phosphoriger Säure und Jodwasserstoffsäure schwängerte. Aus 1 Theil Phosphor und 16 Theilen Jod bildete sich eine schwarzgraue, krystallisirte, bei 29° C. schmelzende Verbindung, die in Wasser gebracht, farblose Jodwasserstoffsäure erzeugte, ohne dass sich dabei Phosphorwasserstoffgas entband. — Endlich gaben 1 Theil Phosphor und 24 Theile Jod einen schwarzen, bei 46° Wärme zum Theil schmelzenden Körper, der sich zwar in Wasser unter starker Erwärmung auflöste, die Auflösung aber sehr stark braun färbte, und diese Farbe durch langes Stehen in mässiger Wärme nicht verlor.

Verwandelt sich der Phosphor in phosphorige Säure, während das Jod zur Jodwasserstoffsäure wird, bei ihrem gemeinschaftlichen Einwirken auf Wasser, so bedarf 1 Theil Phosphor 16 Theile Jod zu dieser Umwandlung; er bedarf dagegen 24 Theile Jod, wenn er sich dabei in Phosphorsäure [11] umgestaltet*), und es müssten in diesem Fall 1 Theil Phosphor und 24 Theile Jod im Wasser farblose Jodwasserstoffsäure geben. Ich hatte in der That gefunden, dass das Jod durch phosphorige Säure in Jodwasserstoffsäure verwandelt wird. Aber diese Wirkung hört auf, oder wird sehr langsam, bevor alle phosphorige Säure in Phosphorsäure umgewandelt ist, daher immer noch viel Jod in der Jodwasserstoffsäure aufgelöst bleibt. Darin liegt der Grund, dass man bei dem letztern Mischungsverhältnisse von Jod mit Phosphor immer im Wasser eine sehr stark gefärbte Säure erhält. Man sieht aus diesen Versuchen zugleich, dass, wenn in einer Verbindung von Jod mit Phosphor der Phosphor im Ueberschuss vorhanden ist, beim Einwirken des Jodphosphor auf Wasser blos phosphorige Säure entsteht; dass dagegen, wenn man mehr als 16 Theile Jod auf 1 Theil Phosphor genommen hat, sich Phosphorsäure bildet.

Bringt man 1 Theil Phosphor und 4 Theile Jod mit einander in Berührung, so entstehen zwei sehr verschiedene Verbindungen. Die eine hat einerlei Farbe mit der Verbindung aus 1 Theil Phosphor und 8 Theilen Jod, und scheint ganz dieselbe als diese zu sein; sie schmilzt bei 103° C., und giebt, in Wasser aufgelöst, farblose Jodwasserstoffsäure, Phosphorwasserstoffgas und orangegelbe sich niederschlagende [12] Phosphorflocken.

---

*) Hierbei rechne ich, dass sich 100 Theile Phosphor mit 100 Theilen Sauerstoff zu phosphoriger Säure und mit 150 Theilen zu Phosphorsäure verbinden.

Die **andere** ist rothbraun, schmilzt nicht bei 100°C. und selbst nicht bei viel höherer Wärme, und leidet vom Wasser keine merkliche Einwirkung, wird aber von Kali unter Entweichen von Phosphorwasserstoffgas aufgelöst, und die Auflösung zeigt, wenn man ihr Chlor zusetzt, nur Spuren von Jod. Wird dieser rothe Körper, der immer entsteht, wenn man $1/5$ Phosphor und mehr nimmt, an der Luft erwärmt, so entzündet er sich und brennt, wie Phosphor, mit weissem Dampf, ohne Joddämpfe; selbst als ich diesen Dampf in einer befeuchteten Glocke sich verdichten liess, war darin nichts von Jod zu entdecken. Ich bin geneigt, ihn für denselben rothen Körper zu halten, den der Phosphor so häufig giebt, und den man für **Phosphoroxyd** hält, habe ihn aber mit diesem nicht weiter verglichen, da ich kein Phosphoroxyd bei der Hand hatte. Der Phosphor scheint sehr wenig Sauerstoff zu bedürfen, um zu dem rothen Körper zu werden; die Bildung dieses Körpers bei meinen Versuchen würde daher leicht zu erklären sein, da ich zwar den Phosphor jedesmal gut abwischte, er aber doch nicht von aller Feuchtigkeit frei war. Dieser Gegenstand verdiente, dass Chemiker ihn [13] genauer untersuchten.[3])

Aller Jodphosphor, nach welchem Verhältnisse man ihn auch zusammengesetzt habe, besitzt die Eigenschaft, wenn man ihn befeuchtet, saure Dämpfe auszustossen, und diese bestehen aus **Jodwasserstoffgas**, welches sich durch Zersetzung des Wassers bildet.

Will man sich dieses Gas rein und unvermengt mit Phosphorwasserstoffgas verschaffen, so muss man Jodphosphor nehmen, in welchem der Phosphor mehr als $1/9$ des Gewichts beträgt. Ich thue solchen Jodphosphor in eine kleine Retorte, und befeuchte ihn in ihr mit ein wenig Wasser, und noch besser mit Wasser, das schon Jodwasserstoffsäure enthält*). Man

---

*) Bei einem solchen Entbinden von Jodwasserstoffgas aus Jodwasserstoffsäure und Jodphosphor, der nach keinem genau bestimmten Verhältnisse gemacht worden war, setzten sich gegen Ende der Operation in dem Halse der Retorte **weisse cubische Krystalle**[4]) an, welche durchscheinend waren wie Wachs, und zwar auf glühenden Kohlen wie Phosphor verbrannten, in Wasser geworfen sich aber augenblicklich zersetzten, eine Menge Phosphorwasserstoffgas im Minimo und Phosphorflocken hergaben, und das Wasser mit Jodwasserstoffsäure versahen. Sie färbten concentrirte Schwefelsäure braun, wie das auch geschieht, wenn diese Säure Jodwasserstoffsäure zersetzt, bald aber wurde die Schwefelsäure röthlich-gelb

kann auch folgendermaassen verfahren. Man nehme eine kleine umgebogene Glocke, lege in die Umbiegung etwas wenig befeuchtetes Jod, stürze sie dann umgekehrt über Quecksilber, und treibe die Luft hinaus, indem man eine zugeschmolzene Glasröhre hineinschiebt, die ihren innern Raum fast ganz ausfüllt. Dann bringe man den Phosphor durch das Quecksilber hinein, und mit dem Jod in Berührung. Sogleich geht die Verbindung beider vor sich, und es entwickelt sich das Gas, welches man leicht in einer grösseren Glocke auffangen kann, wenn man unter diese den Rand der kleinen Glocke hält.

[14] Kaum berührt dieses Gas das Quecksilber, so fängt es auch schon an sich zu zersetzen, und lässt man es einige Zeit darüber stehen, oder schüttelt es damit, so zersetzt es sich ganz und gar, wobei sich die Oberfläche des Quecksilbers mit einem grünlich-gelben Körper bedeckt, der Jodquecksilber ist, [15] bis sich endlich alles Gas auf diese Art verwandelt hat. Es bleibt dann nichts zurück als reines Wasserstoffgas, das genau die Hälfte des Raumes einnimmt, als zuvor das Jodwasserstoffgas. Zink und Kalium haben mir mit Jodwasserstoffgas, welches ich über sie brachte, ganz die nämlichen Resultate gegeben. nämlich Jodmetall und Wasserstoffgas. Diese Analyse und die Erscheinungen. welche das Jod mit Schwefelwasserstoffgas, und der Jodphosphor mit Wasser geben, sind zusammen genommen so überzeugend, dass über die Natur des Jodwasserstoffgas auch nicht der geringste Zweifel bleiben kann.

Das Jodwasserstoffgas ist farblos, riecht wie Chlorwasserstoffsäure, schmeckt sehr sauer, enthält $^1/_2$ seines Volums an Wasserstoffgas, und sättigt einen dem seinigen gleichen Raum Ammoniakgas. Das Chlor entzieht demselben im Augenblicke den Wasserstoff; dabei entsteht ein schöner violetter Dampf, und es bildet sich Chlorwasserstoffgas.

Um die Dichtigkeit des Jodwasserstoffgas im Vergleich mit der der atmosphärischen Luft zu bestimmen, wog ich eine gläserne Flasche, deren innerer Raum mir genau bekannt war,

---

und milchig, wahrscheinlich durch Phosphor, der sich niederschlug. Da ich dieser Krystalle, welche ich für eine Verbindung von Jodwasserstoffsäure mit Phosphor hielt, zu wenige hatte, um mehr Versuche mit ihnen anzustellen, so versuchte ich sie durch Einwirken von Jodwasserstoffgas auf Phosphor zu erhalten; sie entstanden zwar, aber nicht in einer beiden entsprechenden Menge. Dieser Gegenstand verdient weiter untersucht zu werden.

voll atmosphärischer Luft und dann voll von diesem Gas *). Ich fand so die Dichtigkeit desselben bei dem [16] ersten Versuche 4,602, bei einem zweiten genaueren Versuche nur 4,443 mal grösser als die der atmosphärischen Luft. Diese Dichtigkeit ist ein wenig zu gross, weil sich in der Flasche Spuren von Feuchtigkeit absetzten [doch im ersten Versuch mehr als im zweiten], obgleich ich das Gas durch eine Glasröhre hatte hindurch gehen lassen, welche bis unter -20^0 C. erkältet war. Durch Vergleichung mit dem Chlorwasserstoffgas ergiebt sich die Dichtigkeit dieses Gases nahe so, wie in dem letztern Versuche; diese Bestimmung ist also die wahre.

Um diese Vergleichung zu übersehen, erinnere man sich, dass ich bei meinen gemeinschaftlichen Versuchen mit Herrn *Thenard* gefunden hatte, dass sich ein Maass Chlor mit 1 Maass Wasserstoffgas verbindet, und dann genau 2 Maass [17] Chlor-Wasserstoffgas hervorbringt. Es folgt daraus, dass die Dichtigkeit dieses letzteren Gases gleich ist der Hälfte der Summe der Dichtigkeiten der beiden letzteren Gasarten, und dass das Chlor zum Sauerstoff (wovon 1 Maass sich mit 2 Maass Wasserstoffgas verbindet) in dem Verhältnisse der Volume von 2 : 1 steht; woraus sich das Gewichtsverhältniss beider leicht ableiten liesse. Die Dichtigkeit des Joddampfs ist noch unbekannt; aus weiterhin anzuführenden Versuchen erhellt aber, dass der Sauerstoff und das Jod in dem Verhältnisse von 1 : 15,621 stehen. Da nun die Dichtigkeit von $1/2$ Volumen Sauerstoff 0,55179 ist, so muss die Dichtigkeit des Jods dargestellt werden durch $0,55179 \times 15,621 = 8,6195$. Und fügt man dazu die Dichtigkeit des Wasserstoffgases 0,07321, und nimmt davon die Hälfte, so hat man 4,4289 als die Dichtigkeit des Jodwasserstoffgases. Dem Gewichte nach ist das Jodwasserstoffgas daher zusammengesetzt aus 100 Theilen Jod auf 0,849 Theile Wasserstoff. Und daraus folgt, dass der Dampf des Jods 117,71 mal dichter ist als das Wasserstoffgas, und also von allen Dämpfen, welche man genauer kennt, die grösste Dichtigkeit hat[5]). Und da die Mischungsverhältnisse der Körper

---

*) Es sei das Gewicht der Flasche voll Luft p, voll Wasser P, so giebt $P-p$ das Volumen des in ihr enthaltenen Wassers als eine erste Näherung. Und ist das specifische Gewicht der Luft, das des Wassers 1 gesetzt, für eine gegebene Wärme und einen gegebenen Druck δ, so giebt $P-p+(P-p)\delta$, einen zweiten genaueren Ausdruck für den Inhalt der Flasche, welcher in der Regel ausreicht. Wollte man noch mehr Genauigkeit, so könnte man noch das Glied $+(P-p)\delta^2$ und ähnliche hinzu nehmen.

sich hauptsächlich nach dem Volumen ihrer Dämpfe richten, so begreift [18] man, wie eine Vereinigung des Jods mit noch nicht $^1/_{100}$ seines Gewichts an Wasserstoff hinreichen könne, es zur Säure zu machen. Ein noch dichterer Dampf (und ein solcher ist unstreitig der Dampf des Quecksilbers) würde sich also noch mit weniger Wasserstoff verbinden; wie das in der That der Fall in der Verbindung ist, welche das Quecksilber mit dem Wasserstoff und dem Ammoniak eingeht.

Diese Beispiele dienen zu Beweisen, dass man den Einfluss einer sehr geringen Menge von Materie auf eine Verbindung anzuerkennen sich nicht weigern dürfe, es sei denn bewiesen, dass die Dichtigkeit des Dampfes dieser Materie in einem ziemlich grossen Verhältnisse zu der der Dämpfe der andern Bestandtheile der Verbindung stehe, oder was auf eins hinaus kommt, dass jene Materie eine sehr geringe Sättigungscapacität habe.

Setzt man das Jodwasserstoffgas der Rothglühhitze aus, so zersetzt es sich zum Theil. Es entmischt sich vollständig, wenn man es mit Sauerstoffgas vermengt durch ein rothglühendes Rohr treibt, wobei Wasser entsteht und das Jod frei wird.

Lässt man mit einander Wasserdampf und Joddampf durch ein rothglühendes Porcellanrohr steigen, so scheint keine Zersetzung vorzugehen, wenigstens wird kein Sauerstoffgas entbunden; und darin unterscheidet sich das Jod sehr von dem Chlor, welch letzteres den Wasserstoff dem Sauerstoff entreisst, nähert sich aber dem Schwefel, dem der Wasserstoff, ebenso wie dem Jod, durch den Sauerstoff entrissen wird.

[19] Das Jodwasserstoffgas ist im Wasser sehr auflöslich, und giebt diesem nicht nur eine grosse Dichtigkeit, wenn es darin in einer gewissen Menge aufgelöst ist, sondern macht es auch rauchend. Und so erhält man die tropfbare Jodwasserstoffsäure. — Diese tropfbare Säure lässt sich indess noch auf eine bequemere Weise, als aus dem Gas verschaffen, wenn man nämlich, wie wir weiter oben gesehen haben, Jodphosphor in Wasser auflöst, und von der sich zugleich bildenden phosphorigen Säure mittelst Destillation trennt. — Eine noch leichtere Art sie zu bilden ist folgende: man treibe einen Strom Schwefelwasserstoffgas durch Wasser, worin sich Jod befindet; der Wasserstoff vereinigt sich mit ihr, und der Schwefel fällt zu Boden. Man erhitzt dann die Flüssigkeit, um alle noch vorhandene Schwefelwasserstoffsäure zu verjagen, und erhält

dann durch Filtriren oder durch Abgiessen, nachdem der Schwefel sich zu Boden gesetzt hat, die Jodwasserstoffsäure sehr rein und ohne Farbe.

Alle drei Methoden geben diese Säure nicht concentrirt, man habe denn beim Ueberdestilliren der mit Jodphosphor bereiteten die ersten Antheile, welche übergehen und fast reines Wasser sind, weggelassen. Sie lässt sich aber, wie die Schwefelsäure, durch Abtreiben des Wassers mittelst Hitze concentriren; denn erst wenn die Temperatur bis auf 125° C. gestiegen ist, fängt die Jodwasserstoffsäure an überzudestilliren; alles was früher [20] übergeht, ist nur sehr wenig sauer. Ihre Temperatur lässt sich nicht über 128° C. hinaus bringen, wenn sie frei entweichen kann. Ihre Dichtigkeit beträgt dann 1,7, und verändert sich nicht mehr merklich. Diese Eigenschaft der Jodwasserstoffsäure, dass sie erst bei 128° C. siedet, macht sie zu einer mächtigen Säure, und verhindert die flüchtigen Säuren, sie aus ihren Verbindungen auszutreiben.

Bei dem Destilliren färbt sich die Jodwasserstoffsäure stets stärker oder schwächer. Sie färbt sich selbst in der gewöhnlichen Temperatur, wenn die Luft Zutritt zu ihr hat. Dabei nimmt sie Sauerstoff auf, der mit einem Theile ihres Wasserstoffs sich zu Wasser vereinigt; das frei werdende Jod fällt aber nicht nieder, sondern löst sich in der übrigen Jodwasserstoffsäure auf, und färbt sich desto stärker rothbraun, je grösser die Menge des Jods ist. Ich habe umsonst versucht, solche farbig gewordene Jodwasserstoffsäure durch Sieden zu entfärben. Dieses ist ein Zeichen, dass das Jod grosse Verwandtschaft zu der Säure hat; denn würde seine Flüchtigkeit durch die Verbindung mit der Säure nicht sehr geschwächt, so müsste es mit den Wasserdämpfen davon gehen. Ich halte aber nicht dafür, dass man diese gefärbte Jodwasserstoffsäure für eine besondere Säure zu nehmen habe.

Concentrirte Schwefelsäure, Salpetersäure und Chlor zersetzen die Jodwasserstoffsäure augenblicklich, indem sie sich ihres Wasserstoffs bemächtigen und das Jod frei machen, welches entweder niederfällt, oder als purpurfarbner Dampf [21] entweicht. Das Chlor ist eins der empfindlichsten Reagentien, eine sehr geringe Menge von Jodwasserstoffsäure nachzuweisen: man muss sie aber mit Vorsicht zusetzen; denn nimmt man zu viel, so löst sie das Jod auf, bevor es sich hat niederschlagen, oder wenigstens bevor es die Flüssigkeit hat färben können.

Die Eisenauflösungen im Maximo zersetzen die Jodwasserstoffsäure so gut wie die Schwefelwasserstoffsäure. Alle Oxyde, welche mit Chlorwasserstoffsäure Chlor geben, entbinden auch aus der Jodwasserstoffsäure durch Kochen das Jod, und geben ein jodwasserstoffsaures Salz oder ein Jodmetall, z. B. schwarzes Manganoxyd giebt jodwasserstoffsaures Mangan, rothes Bleioxyd aber Jodblei und Jod.

Mit allen Basen bildet endlich die Jodwasserstoffsäure Verbindungen, welche sehr viel Aehnliches mit den Schwefelwasserstoff- und den Chlorwasserstoff-Verbindungen haben.

Folgendes sind also die vorzüglichsten Merkmale der Jodwasserstoffsäure. Im Gaszustande wird sie schnell zersetzt von Quecksilber, womit sie sich in grünlich-gelbes Jodquecksilber verwandelt; und mit Chlor erzeugt sie augenblicklich einen intensiv purpurfarbenen Dampf. Im tropfbaren Zustande zersetzt und färbt sie sich an der Luft ziemlich [22] schnell. Concentrirte Schwefelsäure und Salpetersäure und das Chlor scheiden aus ihr das Jod ab; schweflige Säure und Schwefelwasserstoffsäure verändern sie dagegen auf keine Art. In eine Bleiauflösung gegossen giebt sie einen schön orangefarbenen, in einer Quecksilberauflösung im Maximo einen rothen, und in einer Silberauflösung einen weissen, in Ammoniak unauflöslichen Niederschlag.

Ich habe geglaubt hier die Eigenschaften der Jodwasserstoffsäure zusammenstellen zu müssen, weil nun die Verbindungen des Jods mit den andern Körpern leichter zu übersehen sein werden.

Mit dem Schwefel bildet das Jod nur eine schwache Verbindung, welche schwarzgrau und strahlig ist, wie Schwefelantimon. Destillirt man diesen Jodschwefel mit Wasser, so wird das Jod wieder entbunden.

Bei gewöhnlicher Temperatur schien mir trockener wie feuchter Wasserstoff keinerlei Einwirkung auf das Jod zu äussern; wenn man aber, wie Herr *Clément* in einem Versuche, bei dem er mir beizustehen so freundlich war, gethan hat, ein Gemenge von Jod und Wasserstoff in einer Röhre der Rothgluth unterwirft, so findet Verbindung statt, und man erhält Jodwasserstoffsäure[6], welche das Wasser braunroth färbt. Wir fanden, dass 100 Gramm Jod 1,53 Wasserstoff aufnehmen, [23] um in Säure überzugehen, doch ist dies Verhältniss zu gross, da ich seitdem fand, dass die Jodwasserstoffsäure aus 100 Theilen Jod und 0,849 Theilen Wasserstoff besteht.

Kohle wirkt auf das Jod nicht, weder in niederer noch in sehr hoher Temperatur.

Dagegen greifen mehrere Metalle, wie Zink, Eisen, Zinn, Quecksilber und Kalium, wenn sie fein zertheilt sind, das Jod an, auch schon in mässiger Wärme. So leicht diese Verbindungen auch vor sich gehen, so wird bei ihnen doch nur wenig Wärme und selten Licht frei. Die Verbindung von Jod und Zink, welche ich Jodzink nenne, ist farblos, leicht schmelzbar, und sublimirt in schönen vierseitigen nadelförmigen Prismen. Sie ist sehr auflöslich in Wasser und zerfliesst schnell an der Luft, und bei diesem Auflösen entbindet sich kein Gas. Die Auflösung ist ein wenig säuerlich und lässt sich nicht krystallisiren. Alkalien schlagen aus ihr weisses Zinkoxyd nieder, und concentrirte Schwefelsäure entbindet aus ihr Jodwasserstoffsäure und Jod, weil schweflige Säure entsteht. Es lässt sich zwar denken, dass das Wasser das Jodzink auflöse, ohne sich zu [24] zersetzen; da aber alsdann die schwächste Kraft hinreichen würde, dieses zu bewirken, und überdem die Auflösung alle Eigenschaften des jodwasserstoffsauren Zinkes hat, welche man aus Zinkoxyd und Jodwasserstoffsäure erhält, so haben wir eben so viel Grund anzunehmen, das Wasser zersetze sich, indem es das Jodzink auflöst, als dass es sich erzeuge, während Zinkoxyd in Jodwasserstoffsäure aufgelöst wird. Welche von beiden Annahmen man machen will, ist übrigens gleichgültig, und es geschieht bloss grösserer Einfachheit wegen, dass ich beim Bestimmen des Mischungsverhältnisses des Jods mit Sauerstoff und mit Wasserstoff der letztern folge.

Werden Jod und Zink unter Wasser, in hermetisch verschlossenen Gefässen, mässig erwärmt, so färbt sich das Wasser schnell dunkel röthlichbraun, weil das sich bildende jodwasserstoffsaure Zink sogleich Jod in Menge auflöst; aber allmählich vereinigt sich alles dieses Jod mit Zink (vorausgesetzt, dass es im Ueberfluss vorhanden ist), und dadurch wird die Auflösung so farblos wie Wasser. Nach einem Mittel aus 3 Versuchen, die nur wenig von einander abwichen, verbinden sich 100 Theile Jod mit 26,225 Theilen Zink[7]. So viel Zink kann aber 6,402 Theile Sauerstoff in sich aufnehmen, [25] und um so viel Sauerstoff zu sättigen, werden 0,849 Theile Wasserstoff erfordert. Folglich sind die Verhältnisse, worin sich mit einander verbinden Jod und Sauerstoff, das von $100 : 6,402$, oder von $156,21 : 10$; und Jod und Wasserstoff das von $100 : 0,849$ oder von $156,21 : 1,3268$. Bezeichnen wir daher mit *Wollaston* den Sauerstoff mit 10, so ist die Proportionszahl, welche das Jod darstellt. 156,21. Das Mischungsverhältniss, welches ich in meinen ersten Untersuchungen angegeben habe, ist sehr wenig genau; eben so wenig ist es das von Herrn *Davy* aufgestellte.

Das Eisen verhält sich auf dieselbe Art zu dem Jod wie das Zink. Das Jodeisen ist braun, schmilzt in Rothglühhitze, und löst sich in Wasser auf, indem es dieses hellgrün färbt, nach Art des Chloreisens.

Kalium und Jod verbinden sich unter Freiwerden von viel Wärme und von Licht, das durch den Joddampf hindurch violett erscheint. Das Jodkalium schmilzt und wird verflüchtigt, ehe es zum Rothglühen kommt, und nimmt dann beim Erkalten ein krystallinisches und perlmutterartiges Ansehen an. Die Auflösung desselben im Wasser ist vollkommen neutral. Das Mischungsverhältniss aller dieser Jodmetalle ist aus dem des Jodzinks leicht zu bestimmen, da die Mengen des Jods, womit sich die Metalle verbinden, den Sauerstoffmengen [26] proportional sind, welche die Metalle in sich aufnehmen. Da 100 Theile Kalium 20,425 Theile Sauerstoff bedürfen, um zu Kali zu werden, so verbinden sie sich diesem zufolge mit 319,06 Theilen Jod.

Das Jodzinn ist sehr leicht schmelzbar und giebt ein schmutzig orangegelbes Pulver, ungefähr wie das Spiessglanz-Glas. In einer etwas bedeutenden Menge Wasser zersetzt es sich vollständig; die Jodwasserstoffsäure bleibt im Wasser, und das Zinnoxyd fällt in weissen Flocken nieder. Ist des Wassers weniger, so bleibt ein Theil des Zinnoxyds in der concentrirten Säure aufgelöst, und bildet damit ein orangefarbnes seidenartiges Salz, das sich fast ganz durch Wasser zersetzen lässt. Unter kochendem Wasser wirken Jod und Zinn lebhaft auf einander ein, und nimmt man Zinn im Ueberfluss, so ist die Jodwasserstoffsäure, welche sich bildet, fast rein, und enthält kaum einige Spuren von Zinn; so dass man sich dieses Mittels bedienen könnte, um sie rein zu bereiten. Das Zinn muss aber in grosser Menge genommen werden, weil die Oxydflocken, die sich darauf absetzen, die Einwirkung desselben auf das Jod sehr schwächen.

Das Antimon verhält sich zum Jod ganz auf eben die Weise, wie das Zinn; man könnte sich beider zur Darstellung [27] des Jodwasserstoffs bedienen, gäbe es nicht bessere Mittel.

Jodblei, Jodkupfer, Jodwismuth, Jodsilber und Jodquecksilber sind in Wasser unauflöslich, indess die Verbindungen des Jods mit den sehr oxydirbaren Metallen auflöslich sind. Ein Beweis, der die Wirklichkeit von jodwasserstoffsauren Salzen wenigstens wahrscheinlich macht, ist, dass, wenn man das, was ich für solche halte, in Metallauflösungen giesst, alle Metalle, welche das Wasser nicht zersetzen, einen Niederschlag geben, diejenigen aber nicht, welche das Wasser zersetzen. Dieses ist wenigstens mit den hier erwähnten Metallen der Fall. Vom **Jodquecksilber** giebt es zwei Arten, ein gelbes und ein rothes, die beide schmelzbar und flüchtig sind. Das gelbe, welches dem Quecksilberoxyde im Minimo entspricht, enthält um die Hälfte Jod weniger, als das rothe, dem Quecksilberoxyde im Maximo entsprechende. Ueberhaupt muss jedes Metall eben so viel verschiedene Jodmetalle geben können, als es verschiedene Oxydationsstufen hat.

Alle Jodmetalle werden durch concentrirte **Schwefelsäure** und **Salpetersäure** zersetzt, wobei das Metall sich oxydirt und das Jod entweicht. Auch der **Sauerstoff** zersetzt sie in der Rothglühhitze, [28] mit Ausnahme des Jodkaliums, des Jodnatriums, des Jodbleis und des Jodwismuths. Endlich entbindet auch das **Chlor** das Jod aus allen diesen Jodmetallen. Dagegen zersetzt das Jod die meisten **Schwefel-** und die meisten **Phosphorverbindungen**.

Der Stickstoff lässt sich nicht unmittelbar, sondern nur mittelst des Ammoniaks mit dem Jod verbinden. Wir verdanken die Entdeckung dieser Verbindung Herrn *Courtois*; sie ist von Herrn *Colin* genau analysirt worden, und ich will hier nach ihm die Bildung und die Natur des Jodstickstoffs kurz angeben.

Lässt man trocknes Ammoniakgas zu Jod treten, so bildet sich sogleich eine sehr glänzende, zähe, schwärzlich braune Flüssigkeit, deren Glanz und Zähigkeit immer mehr abnimmt, je mehr sie sich mit Ammoniak sättigt. Während der Bildung dieses **Jodammoniaks** entbindet sich kein Gas. Es ist nicht detonirend. Löst man es in Wasser auf, so zersetzt sich ein Theil des Ammoniaks, welches in dieser Verbindung enthalten ist; der Wasserstoff desselben bildet Jodwasserstoffsäure, und der Stickstoff vereinigt sich mit einem Antheil Jod zu dem detonirenden Pulver. Dieser Jodstickstoff lässt sich unmittelbar erhalten, [29] wenn man sehr fein gepulvertes Jod in eine Lösung von Ammoniak bringt; und dieses ist die beste Art, ihn zu bereiten.

Der **Jodstickstoff** hat die Gestalt eines Pulvers, ist bräunlich-schwarz, und knallt bei dem leisesten Stoss und beim Erhitzen, unter Entbinden eines schwachen violetten Lichtes. Ich habe häufig gesehen, dass er von selbst detonirte, wenn er gut bereitet war. Bringt man ihn in ätzende Kalilauge, so entwickelt sich sogleich Stickgas, und die Auflösung enthält dieselben Producte, welche das Jod mit diesem Alkali hervorbringt. Jodwasserstoffsaures Ammoniak zersetzt, vermöge seiner Eigenschaft, viel Jod aufzulösen, dieses Knallpulver allmählich unter Entweichen von Stickgas. Selbst das Wasser wirkt auf diese Art, doch schwächer, wie Herr *Courtois* schon vor geraumer Zeit bemerkt hatte. Die Bestandtheile des Jodstickstoffs sind also sehr wenig verdichtet. Nur mit grosser Vorsicht darf man ihn bereiten, und es ist rathsam nichts davon aufzuheben.

Das Mischungsverhältniss des Jodstickstoffs unmittelbar zu bestimmen, möchte grosse Schwierigkeiten [30] haben; doch lässt es sich folgendermaassen mit aller Schärfe ableiten. Wir haben gesehen, dass Wasserstoff und Jod sich in dem Verhältnisse von 1,3268 : 156,21 mit einander vereinigen. Nun aber besteht das Ammoniak in 100 Theilen aus 18,4756 Theilen Wasserstoff und 81,5244 Theilen Stickstoff. Folglich müssen Stickstoff und Jod sich in dem Verhältnisse von 5,8544 : 156,21 mit einander verbinden, und dieses muss also das Mischungsverhältniss unsers Knallpulvers sein. Reducirt man dieses Gewichtsverhältniss auf das Verhältniss der Räume, so findet sich (da die Dichtigkeit des Stickgases 0,96913 und die des Joddampfes 8,6195 ist) das Raumverhältniss der Bestandtheile $\frac{5,8544}{0,96913} : \frac{156,21}{8,6195}$, oder 1 Volumen Stickstoff verbindet sich mit 3 Volumen Jod. Zu demselben Resultate führt unmittelbar die Bemerkung, dass sich von Joddampf und Wasserstoffgas mit einander gleiche Volumina verbinden, und dass in dem Ammoniak 3 Volumina Wasserstoff mit 1 Volumen Stickstoff vereinigt sind.

Gesetzt also, es werde 1 Maass Ammoniakgas zersetzt, so beträgt das Wasserstoffgas, welches frei wird, $1^1/_2$ Maass; und verbindet sich alles dieses mit Jod, so entstehen daraus 3 Maass Jodwasserstoffgas, welche genau 3 Maass Ammoniakgas neutralisiren können. [31] Folglich zersetzt sich von einer gegebenen Ammoniakmenge $^1/_4$, und dieses erzeugt durch seinen Stickstoff Knallpulver, und durch seinen Wasserstoff so viel Jodwasserstoffsäure, als hinreicht, die übrigen $^3/_4$ Ammoniak zu sättigen.

Durch Zersetzung von 1 Gramm des knallenden Pulvers muss man bei 0^0 Wärme und 0,76 Meter Druck 0,1152 Liter Gas erhalten, welches aus 0,0864 Liter Joddampf und 0,0288 Liter Stickgas besteht. Obgleich dieses kein bedeutendes Gasvolum ist, so ist doch die Explosion sehr stark, weil sie augenblicklich erfolgt. Wir stossen hier auf dieselbe Schwierigkeit, auf die man beim Erklären der Detonationen des Chlorstickstoffs und überhaupt aller Knallpulver kommt, die sich unter Entbinden von Wärme und Licht in einfache Elemente zersetzen. Ich will es nicht unternehmen, diese Schwierigkeit zu lösen, nur fragen, ob es sich nicht denken lasse, dass das Licht und die Wärme, welche sich bei diesen Detonationen zeigen, gerade so durch den plötzlichen Stoss des sich entbindenden Gases gegen die umgebende Luft erzeugt werden, wie das der Fall ist beim plötzlichen Zusammendrücken der Luft, oder wenn Luft in einen leeren Raum einströmt?*)

Und sollte überhaupt [32] der Wärmestoff unumgänglich nothwendig sein, um den in einer Verbindung verdichteten gasförmigen Körpern die Elasticität wieder zu geben, oder besser gesagt um ihre Theilchen im Zustande des Zurückstossens herzustellen? Sehen wir nicht im Gegentheil, dass Verbindungen durch eine schwache Electricität aufgehoben werden, welche der Repulsionskraft einer sehr erhöhten Temperatur widerstehen?**) [33]

---

*) Man denke sich eine kleine Metallkugel, in welcher irgend eine Gasart sehr stark verdichtet sei, und mit der umgebenden Luft einerlei Temperatur habe. Spränge diese Kugel plötzlich, so würden wir einen Knall hören und eine Wärme- und Lichterzeugung wahrnehmen. Von diesem Freiwerden der in dem Kügelchen stark verdichteten Luft scheint mir das Freiwerden der Gasarten beim Detoniren des Jodstickstoffs und des Chlorstickstoffs nicht wesentlich verschieden zu sein.

**) Es scheint mir nicht, als liessen sich die chemischen Erscheinungen aus blossen Wirkungen der Wärme ableiten, in so fern man annimmt, dass diese Wirkungen allein auf Veränderungen des Abstandes beruhen, welche die Wärme unter den Theilchen der Körper hervorbringt. Herr *La Place* bemerkt (Système du monde 3. Ed. II. 236), dass, wenn die Anziehung der Planeten mit der chemischen Verwandtschaft übereinstimmen solle, »man annehmen müsse, dass die Dimensionen der Körpertheilchen im Vergleich des Abstands, worin sie sich von einander befinden, so klein seien, dass ihre Dichtigkeit unvergleichbar grösser sei, als die mittlere Dichtigkeit des ganzen Körpers. Ein kugelförmiges Theilchen, dessen Halbmesser den millionsten Theil eines Meters beträgt, müsste eine sechs Billionen Mal grössere Dichtigkeit als die mittlere Dichtigkeit der Erde haben, um an seiner Oberfläche eine der Schwerkraft der Erde gleiche Anziehung zu äussern; die anziehenden Kräfte der Körper sind aber sehr bedeutend grösser als die Schwere, da sie die Lichtstrahlen sichtlich ablenken, deren Richtung durch die Anziehung der Erde nicht merklich geändert wird. Die Dichtigkeit der Körpertheilchen würde also unendlich grösser sein, als die der Körper, wenn ihre Verwandtschaften blosse Modificationen der allgemeinen Gravitation

Es würde übrigens, vorausgesetzt dass diese Vermuthungen nicht ganz ungegründet sind, noch zu erklären bleiben, warum beim Vermischen gleicher Räume Wasser und einer concentrirten Auflösung salpetersauren Ammoniaks von gleicher Temperatur, eine Temperaturerniedrigung von 5^0 C. entsteht, wie ich beobachtet habe, obgleich dabei eine sehr merkliche Verdichtung vor sich geht. Nimmt man an, dass die Capacität der Körper für [34] Wärme eine Function der absoluten Menge Wärmestoff sei, welche sie enthalten, so würde diese Thatsache auf die Folgerung führen, dass die Wärmecapacität des salpetersauren Ammoniaks grösser sei, als die der Bestandtheile desselben. Es scheint aber, dass diese Folgerung nicht durch die Erfahrung bestätigt wird, und dass folglich die Capacität der Körper für den Wärmestoff nicht bloss von der absoluten Menge des Wärmestoffs abhängt, welche sie enthalten.

Ich komme nunmehr [35] auf die Verbindungen des Jods mit den verbrennlichen Stoffen, sowie mit den ungesättigten Sauerstoffverbindungen, welche wie diese wirken, zurück. Von der

---

wären.« So übertrieben auch eine solche Annahme zu sein scheint, so wollen wir sie doch für einen Augenblick machen, und nachsehen, ob nun wohl die Verminderung der Verwandtschaft eines Körpers der Vermehrung des Abstandes seiner Körpertheilchen von einander durch Wärme entspricht. Wir kennen das Verhältniss, worin die Cohäsion eines Körpers, z. B. des Kupfers, im Zustande der Festigkeit und dem der Flüssigkeit zu einander steht, nicht genau, doch lässt sich annehmen, dass sie im ersteren wenigstens tausend mal grösser als im letzteren sei. Endlich wollen wir, um weit unter der Wahrheit zu bleiben, setzen, der Raum des Kupfers vergrössere sich beim Schmelzen auf das Achtfache. Bei dieser sehr übertriebenen Annahme würde die Entfernung der Kupfertheilchen von einander durch das Schmelzen nur verdoppelt worden sein, und die Cohäsion müsste also im geschmolzenen Kupfer noch den vierten Theil so stark als im festen Kupfer sein, wenn sie sich nach demselben Gesetze als die Schwere richtete. Offenbar muss also die Wärme, wenn sie in den Körpern angehäuft wird, die chemische Verwandtschaft nicht bloss dadurch schwächen, dass sie die Körpertheilchen weiter auseinander treibt, sondern vorzüglich durch mächtiges Verstärken des Repulsions-Vermögens derselben, welches ohne Zweifel mit ihrer elektrischen Kraft einerlei ist. Gestalt, Anordnung und Trägheit der Körpertheilchen können auf einige chemische Erscheinungen Einfluss haben, z. B. auf das Gefrieren des Wassers und das Krystallisiren des schwefelsauren Natrons. Aber es giebt unzählig viel andere, die von ihnen und von der grössern Entfernen der Körpertheilchen von einander unabhängig sind; wohin z. B. das Vereinigen von Wasserstoff mit Sauerstoff gehört, welches nur in der Rothglühhitze stattfindet, die beiden Gasarten mögen sehr verdichtet oder sehr verdünnt sein.

Wirkung des Jods auf die Schwefelwasserstoffsäure und die phosphorige Säure habe ich schon gesprochen; es bleibt mir nur übrig, von der der schwefligen Säure zu reden. Im gasförmigen Zustande hat sie nicht die mindeste Einwirkung auf das Jod; in wässeriger Lösung veranlasst sie mit demselben die Zersetzung des Wassers und es entstehen Schwefelsäure und Jodwasserstoffsäure. Beide lassen sich nicht durch Destilliren von einander trennen, weil in der Temperatur, in welcher letztere übergeht, die schweflige Säure sich wieder erzeugt, und in der Vorlage aufs neue in Schwefelsäure verwandelt wird, wobei sie die durch Jod stark gefärbte Jodwasserstoffsäure entfärbt.

Die schwefligsauren und unterschwefligsauren Salze, das weisse Arsenik und das Zinnchlorür bewirken gleichfalls unter Mitwirkung des Jods die Zerlegung des Wassers und die Bildung der Jodwasserstoffsäure. Mehrere wasserstoffhaltige Substanzen, namentlich die ätherischen Oele, der Alkohol und [36] der Aether geben, nach Herrn *Colin* und *Gaultier de Claubry* einen Theil ihres Wasserstoffs an das Jod ab und führen es in Säure über. (Annales de chimie, T. XC).

Wirkung des Jods auf Oxyde.

Wenn Jod und Metalloxyde auf einander einwirken, so sind die Erscheinungen und die Producte ganz verschieden, je nachdem dabei Wasser mit im Spiele ist oder nicht. Ich will mit den Wirkungen anfangen, welche erfolgen, wenn man über **Metalloxyde**, die sich in einer Röhre in der Hitze des dunklen Rothglühens befinden, Jod in Dämpfen forttreibt.

Kaliumoxyd, das durch Verbrennen von Kalium in Sauerstoffgas gebildet worden war, wurde bis zum dunklen Rothglühen erhitzt, und dann Jod in Dämpfen darüber fortgetrieben. Es zersetzte sich, und es wäre leicht zu zeigen gewesen, dass unter diesen Umständen kein Sauerstoff in dem Kalium zurückbleibt, in welchem Zustande der Oxydirung es sich auch befinde, wenn ich alle Producte der Zersetzung hätte auffangen wollen. Ich werde indess weiterhin ein leichteres Mittel angeben, dieses zu beweisen, und begnüge mich inzwischen folgenden Versuch anzuführen, der dieses auf eine entscheidende Art darthut. Als ich über **basisches kohlensaures Kali***) in dunkler Rothglühhitze, während es geschmolzen war, Joddampf forttrieb, erhielt ich kohlensaures Gas und Sauerstoffgas in dem Raumverhältnisse von 2 : 1, also gerade so, wie beide in dem basischen kohlensauren Kali vorhanden sind.

Auch das Natriumoxyd und das basische kohlensaure Natron werden durch Jod in der dunklen Rothglühhitze vollständig zersetzt.

Man sollte diesem zu Folge vermuthen, das Jod würde unter gleichen Umständen den Sauerstoff aus den meisten Metalloxyden entbinden; dieses ist aber in der That nur mit sehr wenigen der Fall. Unter den Metalloxyden, die sich durch Hitze nicht reduciren lassen, sind Bleioxyd und Wismuthoxyd die einzigen, welche durch das Jod in der Rothglühhitze zersetzt werden. Kupferoxydul und Zinnoxydul verschlucken zwar in der Rothglühhitze Jod; da aber die Oxyde dieser Metalle sich nicht mit Jod verbinden können, und doch kein Sauerstoffgas bei diesem Verschlucken frei wird, so schliesse ich, dass der Sauerstoff einen Theil des Oxyduls verlässt und sich mit dem andern Theile verbindet, so dass man ein Gemenge von Jodmetall und von Kupfer- oder Zinnoxyd erhält; und so würden also diese beiden Oxydule durch das Jod nur mittelst des Zusammenwirkens zweier Kräfte zersetzt.

Baryt, Strontian und Kalk verbinden sich bei dem angegebenen Verfahren mit dem Jod, ohne Sauerstoffgas herzugeben; Zinkoxyd und Eisenoxyd erleiden aber bei demselben Verfahren keine Veränderung. Hieraus muss man schliessen, dass die Zersetzung der Metalloxyde durch das Jod weniger von der Verdichtung [38] abhängt, in welcher sich der Sauerstoff in ihnen befindet, als von der Verwandtschaft des Metalls zu dem Jod. Der Jodbaryt, der Jodstrontian und der Jodkalk sind, wenn man sie in Wasser aufgelöst hat, sehr alkalisch, und ich halte sie für Verbindungen mit Ueberschuss an alkalischer Basis. Sie nähern sich in dieser Hinsicht den Verbindungen dieser Basen mit dem Schwefel, welche ebenfalls Ueberschuss an Basis haben.

Nachdem ich mich überzeugt hatte, dass das Jod Kaliumoxyd und Natriumoxyd selbst dann zersetzt, wenn sie an Kohlensäure gebunden sind, so entstand die Frage, ob dieses auch mit Verbindungen anderer Säuren der Fall sei. Schwefelsaures Kali wird, wie ich fand, im Rothglühen durch das Jod nicht verändert; aber aus flusssaurem Kali entband das Jod Sauerstoffgas, und die Glasröhre, worin der Process vor sich ging, wurde angefressen[9]. Dieses überraschte mich; ich fand aber bald, dass flusssaures Kali beim Schmelzen in einem Platintiegel alkalisch wird, und dass auch das, über welches ich das Jod hatte fortsteigen lassen, durch das Schmelzen alkalisch geworden war. Das Jod scheint auf das überschüssige Alkali einzuwirken und es zu zersetzen, und die Hitze einen Antheil Flusssäure oder ihres Radikals auszutreiben, welche das Glas anfressen. Das flusssaure Kali würde sich auf diese Art allmählich ganz zersetzen lassen.

Durch die hier angeführten Versuche bestätigt [39] es sich, dass das Chlor mächtiger ist als das Jod; denn bei unsern gemeinschaftlichen Versuchen haben wir, Herr *Thenard* und ich, nachgewiesen, dass bei einem ähnlichen Verfahren das Chlor den Sauerstoff aus dem Baryt, dem Strontian, dem Kalke und selbst aus der Magnesia austreibt. Dieselbe Wirkung bringt es in den schwefelsauren Salzen dieser Basen, meinen Versuchen zu Folge, hervor; aber, was merkwürdig ist, aus dem rothen Eisenoxyde entbindet das Chlor in der Glühhitze kein Sauerstoffgas, sondern sie verbindet sich mit dem Oxyde unmittelbar zu Chlor-Eisenoxyd.

Eben so bestätigen diese Versuche, dass der Schwefel minder mächtig als das Jod ist. Zwar bilden fast alle Metalloxyde mit dem Schwefel Schwefelmetalle, indess sich mit dem Jod nur wenige zu Jodmetallen vereinigen; davon liegt aber der Grund darin, dass der Schwefel mehr Verwandtschaft zum Sauerstoff hat, und die schweflige Säure gasförmig ist. Wenn das Jod mit dem Sauerstoff eine gasförmige, in der Hitze sich nicht zersetzende Säure bildete, so würde man ohne Zweifel auf diesem Wege mehr Jodmetalle als Schwefelmetalle erhalten; dieses beweisen die Zersetzung des Kali, des Natrons, der Bleiglätte und des Wismuthoxyds durch das Jod in der Glühhitze, sowie die Bildung von Jodverbindungen mit Kupferoxydul und mit Zinnoxydul in der Rothglühhitze.

Es verdient hier noch ausdrücklich bemerkt zu werden, dass das Jod zu den Metalloxyden nur wenig Verwandtschaft hat, wie der Schwefel, [40] und dass in der Rothglühhitze kein Metalloxyd mit dem Jod verbunden bleibt, Baryt, Strontian und Kalk ausgenommen.

Die Gegenwart von Wasser ändert die Wirkung des Jods auf die Oxyde gänzlich; denn in diesem Fall wird das Wasser zersetzt, und der Wasserstoff desselben bildet mit einem Theile des Jods Jodwasserstoffsäure, während der Sauerstoff desselben sich mit dem übrigen Theile des Jods zu einer Säure eigner Art verbindet, welcher ich den Namen **Jodsäure** gegeben habe. Doch findet dieser Erfolg nicht mit allen Oxyden statt, sondern nur mit Kali, Natron, Baryt, Strontian, Kalk und Magnesia. Zinkoxyd, das durch Ammoniak aus seiner Auflösung in Schwefelsäure niedergeschlagen und gut gewaschen worden war, hat mir dabei keine Spur jodsauren und jodwasserstoffsauren Zinkes gegeben.

Wenn man Jod in eine concentrirte **Kaliauflösung** bringt, so löst es sich schnell auf, und während dessen setzt sich ein weisser sandiger Niederschlag ab, der auf Kohlen wie Salpeter verpufft, sich in der Hitze unter Bildung von Sauerstoffgas [41] und von Jodkalium zersetzt, und nichts anderes als **basisches jodsaures Kali** ist. Die Flüssigkeit enthält **jodwasserstoffsaures Kali**. Folglich muss während des Verschwindens des Jod Wasser zersetzt worden sein*) und es muss sowohl der Wasserstoff als der Sauerstoff des Wassers eine Säure mit dem Jod gebildet haben. Die Kaliauflösung bleibt, wenn das Alkali darin vorsticht, schwach orangegelb, wird dagegen, wenn sie mit Jod gesättigt ist, sehr dunkel röthlich braun; eine Färbung, welche hauptsächlich von Jod herrührt, das sich in dem jodwasserstoffsauren Kali aufgelöst hat. Ich habe gefunden, dass man, um eine solche dunkle mit Jod völlig gesättigte Auflösung von Kali, welche so verdünnt worden, dass sie kein Jod niederfallen lässt, in eine hell orangegelbe zu verwandeln, eine eben so grosse Menge Kali zusetzen muss, als sie schon enthielt. Selbst gesättigt mit Jod ist die Auflösung immer alkalisch, indess man, wenn [42] Jodkalium und selbst Jodzink in Wasser aufgelöst wird, immer neutrale Verbindungen erhält. Diese Verschiedenheit findet sich ebenfalls bei den ähnlichen Verbindungen des Schwefels, so wie bei den analogen des Chlors, und rührt daher, dass die Kräfte, welche das Wasser zu zersetzen streben, im ersten Falle lange nicht so gross sind, als im zweiten.

Auch in einer concentrirten **Natronauflösung** bildet Jod zwei Producte, ein verpuffendes Pulver, welches sich zum Theil niederschlägt, und ein jodwasserstoffsaures Salz, das in der Auflösung zurückbleibt. — Ebenso verhält sich das Jod mit Auflösungen von **Baryt, Strontian** und **Kalk**, nur dass die

---

*) In der Hypothese, dass es jodwasserstoffsaure Salze giebt; will man diese nicht zugeben, so müsste man annehmen, dass der Sauerstoff, welcher sich mit dem Jod verbindet und es in eine Säure verwandelt, ihm von einem Antheile Kali abgetreten werde.

jodsauren Salze dieser Basen sehr wenig auflöslich sind; ein Umstand, der es leicht macht, sie rein zu erhalten, indess jodsaures Kali und Natron sich nur nach sehr vielen Krystallisationen, welche die Menge derselben bedeutend vermindern, frei von jodwasserstoffsauren Salzen, und vollkommen neutral erhalten lassen. Ich ziehe daher den folgenden Weg bei der Bereitung dieser Salze vor.

Auf eine bestimmte Menge Jod giesse ich eine Auflösung von Kali oder von Natron, bis die Flüssigkeit aufhört gefärbt zu sein. Dann dampfe ich sie bis zur Trockniss ab, und behandle die Salzmasse mit Alkohol vom spec. Gewichte 0,81 oder 0,82. [43] In dieser löst sich das jodsaure Salz nicht auf, indess das jodwasserstoffsaure Salz darin sehr auflöslich ist; beide Salze werden folglich durch den Alkohol von einander geschieden. Ich wasche nun das jodsaure Salz zwei oder drei Mal mit Alkohol, den ich zu dem andern giesse, welcher das jodwasserstoffsaure Salz aufgelöst enthält. Darauf löse ich das jodsaure Salz in Wasser auf, neutralisire es mit Essigsäure, dampfe es bis zur Trockniss ab, und behandle den Rückstand nochmals mit Alkohol, um das essigsaure Salz fortzuschaffen; und nun habe ich nach ein paar Mal Waschen das jodsaure Salz rein.

Was den Alkohol anlangt, welcher das Hydrojodat enthält, so beginnt man ihn durch Destillation abzuscheiden, und man schliesst durch Neutralisation des Alkalis mit Jodwasserstoffsäure.

Hier erhebt sich die Frage, ob in dem Augenblick, wo das Alkali auf das Jod reagirt, das gebildete Jodat und Hydrojodat gesondert existiren; wir kommen später darauf zurück. Hier noch ein paar Bemerkungen über die Wirkungen des Jod auf einige Metalloxyde, in denen der Sauerstoff sehr wenig verdichtet ist, wie das in dem Quecksilber-, dem Gold- und dem Silberoxyde der Fall ist. Herr *Colin* hat gefunden, dass, wenn man Wasser, Jod und rothes Quecksilberoxyd einer Wärme von 60 bis 100° C. aussetzt, zugleich ein saures und ein basisches jodsaures Quecksilber entstehen; jenes bleibt im Wasser aufgelöst, [44] dieses ist unauflöslich und findet sich dem zugleich sich bildenden rothen Jodquecksilber beigemengt. Goldoxyd, das auf gleiche Weise behandelt wird, scheint kein Jodgold zu bilden; denn nach sehr vielmaligem Waschen bleibt metallisches Gold, und in dem Wasser saures jodsaures Gold zurück. Man könnte annehmen, das Wasser sei in diesen Processen zersetzt worden, und Quecksilber- und Goldoxyd verhielten sich mit dem Jod ebenso wie die Alkalien. Bedenkt man aber, dass Zinkoxyd und Jod kein jodsaures Zink bilden, so wird es sehr wahrscheinlich, dass die Jodsäure sich in diesen Fällen auf Kosten des Sauerstoffs eines Theils des Oxyds bilde.

Uebersehen wir noch ein Mal die Resultate dieser Versuche, so scheint folgendes im Allgemeinen von der Einwirkung der Metalloxyde auf das Jod zu gelten:

1. Die alkalischen Oxyde, in denen der Sauerstoff stark verdichtet ist, und welche die Säure vollkommen neutralisiren, bestimmen vereint mit dem Jod die Zersetzung des Wassers, und erzeugen zugleich jodsaure und jodwasserstoffsaure Salze.

2. Die Metalloxyde, in denen der Sauerstoff weniger als in den vorigen, aber doch immer noch sehr verdichtet ist, und welche die Säuren nicht vollkommen neutralisiren, üben vereint mit dem Jod nicht eine [45] hinlänglich grosse Kraft aus, um das Wasser zu zersetzen und jodsaure Salze zu erzeugen.

3. Die Metalloxyde endlich, in denen der Sauerstoff nur schwach verdichtet ist, vermögen nicht mit dem Jod Wasser zu zersetzen, treten ihr aber selbst Sauerstoff ab, und verwandeln sie dadurch in Jodsäure.

Dies sind die allgemeinen Resultate der Einwirkung des Jods auf die Oxyde; wir werden weiterhin einige salzartige Verbindungen des Jods im Einzelnen behandeln; jetzt aber müssen wir zuerst die Jodsäure selbst näher kennen lernen.

Wir haben gesehen, dass diese Säure sich nur durch die gemeinschaftliche Wirkung mehrerer Kräfte bildet, und dass sie immer nur an Basen gebunden erhalten wird. Es kommt also darauf an, sie von diesen zu trennen, um sie für sich darzustellen.

Dieses würde sich durch Behandeln von jodsauren Salzen leicht reducirbarer Metalle mit Schwefelwasserstoffsäure sehr leicht hervorbringen lassen, wenn nicht der Schwefelwasserstoff zugleich die Jodsäure zersetzte, weil ihre Bestandtheile nur sehr wenig verdichtet sind*). Nach mehreren Versuchen bin ich zuletzt bei dem folgenden Verfahren geblieben. Ich giesse auf [46] jodsauren Baryt Schwefelsäure, die mit dem Doppelten ihres Raumes Wasser verdünnt ist, und erhitze beide. Ein Theil der Jodsäure verlässt schnell die Basis und verbindet sich mit dem Wasser, immer aber bleibt auch ein wenig Schwefelsäure

---

*) Die Schwefelwasserstoffsäure liesse sich mit Vortheil brauchen, um das phosphorsaure Blei zu zersetzen, und daraus die Phosphorsäure darzustellen.

in dem Wasser, selbst wenn man von ihr weniger genommen hat, als zum Sättigen des Baryts des Salzes nöthig ist; hinzugesetztes Barytwasser schlägt dann beide Säuren aus dem Wasser zugleich nieder. Mir scheint die grosse Verwandtschaft der Jodsäure zum Baryt die Hauptursache zu sein, dass immer ein wenig Schwefelsäure ihr beigemengt bleibt, und ich glaube nicht, dass sich diesen beiden Säuren ein Bestreben beilegen lasse, sich mit einander zu verbinden, vermöge dessen der jodsaure Baryt zersetzt werde.

Jodsaurer Kalk hat mir mit Schwefelsäure ähnliche Resultate, als der jodsaure Baryt gegeben. Durch Oxalsäure schien er mir vollständiger als durch Schwefelsäure zersetzt zu werden.

Man hat bis jetzt die Jodsäure noch nicht ohne Wasser dargestellt, und sehr wahrscheinlich ist Wasser, oder eine Basis nothwendig, um die Bestandtheile dieser Säure in Verbindung mit einander [47] zu erhalten, wie dieses auch bei der Schwefelsäure, der Salpetersäure u. a. der Fall ist*).

Die Jodsäure schmeckt, wenn sie concentrirt ist, sehr sauer. Durch das Licht wird sie nicht zersetzt. Sie lässt sich bis zur Syrupsdicke abdampfen; erhöht man aber die Temperatur bis ungefähr 200° C., so zersetzt sie sich ganz zu Jod und Sauerstoffgas.

Schweflige Säure und Schwefelwasserstoffsäure scheiden aus ihr augenblicklich das Jod ab; und so wie diese beiden Säuren eine die andere zerlegen, so zersetzen sich auch Jodsäure und Jodwasserstoffsäure einander fast vollständig. Wird Jodsäure mit concentrirter Chlorwasserstoffsäure vermengt, so entbindet sich Chlor; dagegen haben Schwefelsäure und Salpetersäure keine Wirkung auf die Jodsäure.

Mit salpetersaurem Silber giebt die Jodsäure einen weissen, in Ammoniak sehr auflöslichen Niederschlag.

Sie verbindet sich mit allen Basen, und erzeugt mit ihnen dieselben jodsauren Salze, welche man erhält, wenn alkalische Basen, Jod und Wasser auf einander einwirken. Endlich bildet sie mit dem Ammoniak ein beim Erhitzen verpuffendes Salz, das ich schon vor geraumer Zeit bekannt gemacht habe.

---

*) In Säuren, die ohne Wasser zu erhalten sind, müssen die Bestandtheile eine grössere Verwandtschaft zu einander haben, als in den Säuren, welche nur mittelst des Wassers oder einer Basis bestehen.

[48] Den Versuchen zu Folge, welche man weiterhin finden wird, wo ich von den einzelnen jodsauren Salzen handle, hat die Jodsäure folgendes Mischungsverhältniss

    Jod   100 Gewichtstheile
    Sauerstoff 31,927   -

Die erste mögliche Verbindung des Jods mit Sauerstoff war aber, wie wir S. 13 gesehen haben, von 100 Theilen Jod mit 6,4017 Theilen Sauerstoff, und es ist $5 \times 6{,}4017 = 32{,}0085$, die Jodsäure schliesst also 5 Proportionen Sauerstoff in sich.

Verbindung des Jods mit Chlor.

Von trocknem Jod wird das Chlor schnell verschluckt, wobei sich eine Wärme von wenigstens $100°$ C. entwickelt. Die Farbe der Verbindung ist an einigen Stellen hell orangegelb, an andern orange-roth; die ersteren enthalten verhältnissmässig mehr Chlor als die letzteren, und sind auch flüchtiger. Obgleich ich über das Jod sehr viel Chlor hatte wegstreichen [49] lassen, so war doch der grösste Theil jenes nicht gesättigt. Ich will die gelbe Verbindung Chlorjod und die rothe Jodchlorür nennen, ungeachtet die letztere kein festes Mischungsverhältniss zu haben scheint.

An der Luft zerfliessen diese beiden Verbindungen schnell. Die Auflösung der ersteren ist farblos, wenn man das überschüssige Chlor fortgeschafft hat, und es scheint, dass dann beide Körper sich einander vollständig sättigen. Die Auflösung der letzteren ist desto stärker orangegelb, je mehr das Jod darin vorherrscht. Beide Auflösungen sind sehr sauer und entfärben die Auflösung des Indigos in Schwefelsäure. Wird die Auflösung des Chlorjods mit einem Alkali gesättigt, so verwandelt sie sich ganz in ein jodsaures und ein chlorwasserstoffsaures Salz; im Lichte färbt sie sich; sie löst Jod in grosser Menge auf, Hitze treibt aus ihr das Jod aus, und in beiden Fällen nimmt sie dann alle Eigenschaften des Chlorürs an. Die Auflösung des Chlorürs [50] lässt sich verflüchtigen, ohne sich zu zersetzen; auch das Licht verändert es nicht; und wenn sie vorsichtig mit einem Alkali gesättigt wird, so fällt Jod nieder, und dann erst bildet sich, indem es wieder verschwindet, ein jodsaures und ein jodwasserstoffsaures Salz. Dieses dient die beiden Verbindungen zu charakterisiren: das Chlorür lässt beim Sättigen mit einem Alkali Jod fallen, das Chlorjod nicht.

Chlorjod lässt sich im festen Zustande, wie wir gesehen haben, nur in geringer Menge erhalten, aber in Wasser aufgelöst ist es leicht, es in grosser Menge darzustellen, wenn man eine etwas verdünnte Auflösung von Jodchlorür mit Chlor sättigt und, um sie zu entfärben, sie einige Zeit in die Sonne stellt, oder sie in eine grosse Flasche füllt, in der man oft die Luft erneut. Man erhält auf diese Art eine sehr saure, farblose Flüssigkeit, welche nur noch schwach nach Chlor riecht, die Indigo-Auflösung, doch nur langsam, entfärbt, und wenn man Ammoniak hineingiesst, einen reichlichen Niederschlag jodsauren Ammoniaks giebt. Um das überflüssige [51] Chlor fortzutreiben, lässt sich Wärme nicht anwenden (oder nur höchstens sehr mässige), denn die Auflösung wird durch sie in Jodchlorür verwandelt. Die Auflösung muss verdünnt sein, weil unter allen Umständen, unter denen eine concentrirte Auflösung von Chlorjod entstehen sollte, Chlor sich entbindet, und man eine Auflösung des Chlorürs erhält. Diese letztere Verbindung kommt überhaupt am häufigsten vor, und ist von Bestand, indess die erstere eine blosse ephemere Existenz hat.

Setzt man chlorwasserstoffsaures Kali oder Baryt zu der Lösung des Chlorjods oder des Jodchlorürs, so tritt ein Theil der Basis an die Jodsäure, welche man so erhalten kann; indessen widersetzt sich die Salzsäure, sobald sie vorzuherrschen beginnt, der vollständigen Zerlegung.

Dass die Auflösung des Chlorjods die Charaktere der Säuren hat, und dass sie beim Sättigen mit einem Alkali ein jodsaures und ein jodwasserstoffsaures Salz bildet, scheint anzuzeigen, dass sie eine Mengung von Jodsäure und Chlorwasserstoffsäure ist. Daraus aber, dass sie den Indig entfärbt, sollte man schliessen, sie enthalte das Chlor [52] und das Jod mit ihren eigenthümlichen Eigenschaften in sich. Man könnte sie endlich auch für eine besondere Säure halten, welche sich beim Sättigen mit einer Basis zersetze. Ich bin der ersten Meinung, weil es mir gelingt durch Vermengung von Jodsäure mit Chlorwasserstoffsäure eine Flüssigkeit darzustellen, welche mit der Auflösung von Chlorjod in allem genau übereinstimmt; ich halte aber ihre Elemente für sehr beweglich, und nach Umständen einer andern Zusammenordnung fähig. Dieser Annahme entsprechend, wird das Wasser zersetzt, wenn man Chlorjod darin auflöst; dass aber dadurch Jodsäure und Chlorwasserstoffsäure entstehe, und nicht umgekehrt Jodwasserstoffsäure und Chlorsäure, davon liegt der Grund darin, weil die ersteren von viel festerem Bestand als die letzteren sind, und es ein allgemeines Gesetz ist, dass unter übrigens gleichen Umständen die starken Verbindungen sich immer vorzugsweise vor den schwachen Verbindungen erzeugen.

Wenn man eine gegebene Menge Jod mit einem Alkali und Wasser behandelt, so theilt sie sich in zwei sehr ungleiche Theile; die kleinste Menge dient zur Bildung des jodsauren Salzes, die grösste Menge zur Bildung des jodwasserstoffsauren Salzes. Wollte man sie ganz in ein jodsaures Salz verwandeln, so müsste man sie zuerst [53] in Chlorjod verwandeln, dieses in Wasser auflösen, und die Auflösung mit der Basis des verlangten Salzes sättigen. Den jodsauren Baryt, Strontian und Kalk, die sehr wenig auflöslich sind, würde man auf diese Art nach einigen Mal Waschen rein erhalten; die andern auf diesem Wege bereiteten jodsauren Salze müsste man durch wiederholtes Krystallisiren, oder durch Alkohol, von den chlorwasserstoffsauren Salzen scheiden.

Jodwasserstoffsaure Salze.

Diese Salze werden im Allgemeinen erhalten durch Verbinden von Jodwasserstoffsäure mit den Basen. Was insbesondere die jodwasserstoffsauren Salze aus Kali, Natron, Baryt, Strontian und Kalk betrifft, so kann man sie durch Behandeln dieser Basen unmittelbar mit Jod und Wasser mittelst des S. 22 beschriebenen Verfahrens darstellen, indem sie durch dasselbe von dem zugleich sich erzeugenden jodsauren Salze zu scheiden sind. Die jodwasserstoffsauren Salze aller das Wasser zersetzenden Metalle, des Zinks, Eisens u. s. f. lassen sich bilden durch Auflösen des Jodmetalls in Wasser, oder indem man das Metall, Jod und Wasser mit einander erhitzt, wobei das Salz schnell entsteht. Es ist meine Absicht nicht, von allen jodwasserstoffsauren Salzen im Einzelnen zu handeln, sondern bloss ihre Gattungscharaktere und ihre vorzüglichsten Eigenschaften anzugeben.

[54] Alle diese Salze werden in der gewöhnlichen Temperatur nicht angegriffen weder von schwefliger Säure, noch von Schwefelwasserstoffsäure, noch von Chlorwasserstoffsäure; dagegen werden sie, unter Abscheidung des

Jods, augenblicklich zersetzt von Chlor, Salpetersäure und Schwefelsäure, wenn diese concentrirt sind.

Mit salpetersaurer Silberauflösung geben sie alle einen weissen, in Ammoniak unauflöslichen Niederschlag; mit salpetersaurem Quecksilberoxydul einen grünlich-gelben Niederschlag; mit ätzendem Sublimat einen schön orangerothen, in einem Ueberschuss von Jodwasserstoffsäure sehr auflöslichen Niederschlag, und mit salpetersaurem Blei einen orangegelben Niederschlag.

Endlich lösen sie alles Jod in Menge auf, und färben sich dadurch dunkel röthlich-braun.

Jodwasserstoffsaures Kali. Wenn man eine Auflösung dieses Salzes krystallisiren lässt, so vereinigen sich der Sauerstoff und Wasserstoff, welche man, ersteren an das Metall, letzteren an das Jod gebunden sich denken kann, mit einander zu Wasser, und man erhält Krystalle von Jodkalium, die den Krystallen von Chlornatrium [Kochsalz] ähnlich sind. Dieses Salz schmilzt leicht und verflüchtigt sich in der Rothglühhitze; leidet keine Veränderung, wenn es unter Zutritt der [55] Luft erhitzt wird, und ist zerfliesslicher als das chlorwasserstoffsaure Natron. Es lösen sich davon in 100 Theilen Wasser bei 18^0 C. Wärme 143 Theile auf. Nur wenn es im Wasser aufgelöst ist, lässt es sich für ein jodwasserstoffsaures Salz halten; ist es dagegen geschmolzen oder auch nur getrocknet worden, so muss man es für Jodkalium nehmen [10]. Ich habe mich überzeugt, dass, wenn man diese letztere Verbindung in Wasser auflöst und dann bis zur Trockniss abdampft, sie an Gewicht nicht zunimmt. Es sind aber folgendermaassen zusammengesetzt:

Jodkalium			Jodwasserstoffsaures Kali		
Jod	100	Theile	Säure	100	Theile
Kalium	31,342	-	Kali	37,426	-

Jodwasserstoffsaures Natron. Ich habe dieses Salz in abgeplatteten, rhomboidalen, ziemlich grossen Prismen erhalten, die mit einander zu dickeren, nach der Länge gestreiften, treppenförmig sich endigenden Prismen ungefähr wie die des schwefelsauren [56] Natrons vereinigt waren. Sie enthalten sehr viel Krystallwasser, und sind dennoch sehr zerfliessbar. In der Hitze entweicht zuerst dieses Wasser, dann schmilzt das Salz, wobei es etwas alkalisch wird, und zuletzt verflüchtigt es sich, wozu mehr Hitze erfordert wird, als das jodwasserstoffsaure Kali bedarf, um verflüchtigt zu werden. Es lösen 100

Theile Wasser von 14° C. Wärme von diesem Salze 173 Theile auf. Auch dieses Salz muss man, wenn es getrocknet worden, für Jodnatrium nehmen. Ich habe bei dem Zersetzen von 100 Theilen jodsaurem Natron durch Hitze 24,45 Theile Sauerstoff erhalten, indess es zu Folge der Analyse des jodsauren Kali 24,43 Theile Sauerstoff in sich schliessen sollte. Aus dieser Analyse lassen sich daher folgende Mischungsverhältnisse herleiten:

Jodnatrium			Jodwasserstoffsaures Natron		
Jod	100	Theile	Säure	100	Theile
Natrium	18,536	-	Natron	24,728	-

Jodkalium und Jodnatrium, die man aus den beiden jodwasserstoffsauren Salzen gebildet hat, sind unter dieser Art von Verbindungen die einzigen, die sich, wenn man sie unter Zutritt der Luft glüht, nicht verändern; welches seinen Grund darin hat, dass das Jod [57] das Kaliumoxyd und das Natriumoxyd zersetzt.*)

Jodwasserstoffsaurer Baryt krystallisirt in sehr feinen Prismen, die ungefähr so aussehen, als die des chlorwasserstoffsauren Strontian. Nachdem er ungefähr einen Monat der Luft ausgesetzt gewesen war, fand ich ihn zum Theil zersetzt, und er gab dann, mit Wasser behandelt, eine durch Jod gefärbte Auflösung von jodwasserstoffsaurem Baryt und einen Rückstand von kohlensaurem Baryt. Die Jodwasserstoffsäure war also an der Luft allmählich zerstört worden, indem sich ihr Wasserstoff in Wasser verwandelt und ihr Jod theils in der Luft zerstreut, theils in der noch unzersetzten Flüssigkeit aufgelöst hatte. Der jodwasserstoffsaure Baryt ist zwar sehr auflöslich in Wasser, hat aber nur eine geringe Zerfliesslichkeit; er verliert seine Neutralität nicht, wenn man ihn in verschlossenen Gefässen bis zum Rothglühen erhitzt, und schmilzt auch in dieser Hitze nicht. Lässt man über das erhitzte Salz [58] atmosphärische Luft und noch besser Sauerstoffgas streichen, so entbindet sich Joddampf in Menge, und das Salz wird alkalisch; ich habe diesen Versuch zwar nicht so lange fortgesetzt, bis sich kein Jod mehr entband, glaube aber, dass der jodwasserstoffsaure Baryt sich auf diese Art in eine basische Jodverbindung verwandeln lasse, da wir weiter oben (S. 20) gesehen haben, dass man diese Verbindung

---

*) Da das Jod auch aus dem Bleioxyd und dem Wismuthoxyd den Sauerstoff austreibt, so ist es klar, dass ebenfalls Jodblei und Jodwismuth beim Rothglühen nicht von der Luft zersetzt werden können.

erhält, wenn man Joddampf in Rothglühhitze über Baryt wegstreichen lässt.

Ich habe zwar dort gesagt, dass das Jod den Sauerstoff aus dem Baryt im Rothglühen nicht austreibe, bin aber nichts desto weniger überzeugt, dass der jodwasserstoffsaure Baryt sich beim Erhitzen in Jodbaryum verwandelt. Ich habe Jodwasserstoffgas, das ich bis -20^0 C. erkältet hatte, über frisch bereiteten Baryt (aus salpetersaurem durch Glühen) wegstreichen lassen, und augenblicklich fing der Baryt an zu glühen, und das Wasser rann in dem Apparate herab. Und doch gab dieser Baryt kein Sauerstoffgas, wenn ich ihn in Wasser auflöste, und litt eben so wenig irgend eine Veränderung, wenn ich über seine Oberfläche, in Rothglühhitze, einen Strom getrocknetes Wasserstoffgas forttrieb. Ich habe mich auch noch überzeugt, dass Schwefel aus diesem Baryt nichts entband, dass dagegen trocknes Schwefelwasserstoffgas sehr viel Wasser erzeugte, indem [59] es mit diesem Baryt sich vereinigte*). Es lässt sich daher nicht

---

*) Während des Einwirkens des Schwefelwasserstoffgases auf den Baryt entstand eine starke Erhitzung, so dass die Verbindung zum Theil schmolz. Chlorwasserstoffsäure entband aus ihr Schwefelwasserstoffgas, und schlug etwas Schwefel nieder. Es ist hiernach wahrscheinlich, dass eine Schwefelverbindung mit Ueberschuss an Schwefel gebildet, und Wasserstoffgas entbunden wurde; doch habe ich mich davon nicht vergewissern können, da das Sulfid, dessen ich mich bedient habe, ein Gas hergab, welches von Alkalien nicht vollständig verschluckt wurde. Dass eine solche Menge von Wasser beim Vereinigen von Schwefelwasserstoffgas mit Baryt und selbst mit Strontian entsteht, lässt sich indess nur erklären, wenn man annimmt, dass diese Alkalien reducirt werden, vermöge der vereinigten Verwandtschaften des Sauerstoffs zum Wasserstoff und des Baryum und Strontium zum Schwefel. — Ist dieses aber der Fall, so wird es wahrscheinlich, dass viele metallische Niederschläge, welche man für Schwefelwasserstoff-Metalle genommen hat, blosse Schwefelmetalle sind. Alle Oxyde, welche sich mit dem Schwefel verbinden, geben Wasser, wenn man über sie in der Rothglühhitze Schwefelwasserstoffgas wegstreichen lässt, und verwandeln sich in Schwefelmetalle. Diese Thatsache ist kein Beweis gegen die Wirklichkeit von schwefelwasserstoffsauren Metallen in niederen Temperaturen. Ich muss aber doch bemerken, dass wir jetzt noch keinen einzigen entscheidenden Versuch haben, der sie als wirklich darthut, und dass die Unauflöslichkeit derer, die man dafür ausgiebt, mir dem sehr entgegen zu stehen scheint. Um diese Vermuthungen zu bewähren, habe ich eine abgewogene Menge Zink in Chlorwasserstoffsäure aufgelöst, diese Auflösung mit Ammoniak übersättigt, und sie mit Schwefelwasserstoffsäure niedergeschlagen. Der Niederschlag nahm beim Trocknen in einer Temperatur von 60 bis 80^0 C. das Aussehen von Horn an;

daran zweifeln, dass in der Rothglühhitze, und [60] selbst noch weit unter derselben, der jodwasserstoffsaure Baryt sich in Jod-Baryum verwandelt[11]). — Es enthalten

Jodbaryum			Jodwasserstoffsaurer Baryt		
Jod	100	Theile	Säure	100	Theile
Baryum	54,735	-	Baryt	60,622	-

°**Jodwasserstoffsaurer Kalk und Strontian.** Beide sind sehr auflöslich in Wasser, und der erstere ist ausnehmend zerfliessbar. Ich habe weder ihre Krystallgestalt bestimmt, noch wie viel sich von ihnen im Wasser auflöst. Sie schmelzen, der erstere über, der andere unter der Temperatur des Rothglühens, und werden dabei, wenn die Luft nicht zu ihnen hinzutreten kann, bloss ein wenig alkalisch. Lässt man dagegen zu ihnen, während sie noch sehr [61] heiss sind, Sauerstoffgas oder atmosphärische Luft hinzutreten, so entwickeln sie im Augenblick Jod in sehr dichten Dämpfen. Sind diese Verbindungen **Jodcalcium** und **Jodstrontium**, so beruht diese Wirkung darauf, dass sie sich oxydiren und einen Theil Jod entweichen lassen; sind sie dagegen jodwasserstoffsaure Salze, darauf, dass sich der Wasserstoff der Säure mit dem Sauerstoff vereinigt, wobei Wasser entstehen muss. Um mich hierüber zu belehren, habe ich trocknes Sauerstoffgas erst über jodwasserstoffsauren Kalk in Rothglühhitze und dann über salzsauren Kalk fortgetrieben; der letztere nahm aber an Gewicht nicht merklich zu. Alles also bestimmt uns, geschmolzene oder völlig getrocknete jodwasserstoffsaure Salze für **Jodmetalle** zu nehmen. Der aus Jodwasserstoffsäure und Kalk gebildete jodwasserstoffsaure Kalk kann an der Luft getrocknet werden, ohne sich zu zersetzen; der aus Jod und Kalk bereitete färbt sich dagegen immer stärker, je mehr er concentrirt wird, auch wenn man ihn bei sehr mässiger Wärme verdampft. Diese Verschiedenheit rührt daher, dass der letztere etwas jodsauren Kalk aufgelöst enthält, und beide Salze einander zersetzen, wenn sie bis auf einen gewissen Grad [62] concentrirt sind, indem der Wasserstoff und der Sauerstoff beider

---

das Gewicht desselben war für Schwefelzink zu gross und für schwefelwasserstoffsaures Zink zu klein. Als ich ihn in eine Wärme von 100° C. brachte, gab er Wasser her, und in einer mehr erhöhten Temperatur noch eine neue Menge. Dieser Versuch ist nicht ganz entscheidend; ich halte es aber, nach dem Aussehen des Niederschlags, für wahrscheinlich, dass er sich im Zustande einer Schwefelwasserstoff-Verbindung befand. Auf jeden Fall scheint der Versuch mehr für als gegen meine Vermuthung zu sprechen.

Säuren sich zu Wasser vereinigen, und das Jod, welches dadurch frei wird, sich in dem Antheil jodwasserstoffsauren Kalkes auflöst, welcher unzersetzt bleibt (da des jodsauren Kalkes zu wenig ist, um eine vollständige Zersetzung zu bewirken), und dadurch der übrig bleibenden Auflösung eine röthlich braune Farbe giebt. Durch Erhitzung ohne Berührung mit der Luft lässt sie sich wieder ganz entfärben.*)

Jodwasserstoffsaures Ammoniak zu bilden, werden gleiche Räume von Ammoniakgas und von Jodwasserstoffgas erfordert. Man erhält es ebenfalls durch Sättigen der flüssigen Säure mit Ammoniak. Es ist ungefähr so flüchtig als das chlorwasserstoffsaure Ammoniak, aber auflöslicher und zerfliessbarer als dieses. Ich habe es in Würfeln krystallisirt erhalten. Wird es ohne Berührung der Luft erhitzt, [63] so zersetzt sich davon nur wenig, und was sublimirt, ist gräulich-weiss. Geschieht dagegen das Sublimiren unter Berühren mit Luft, so wird sehr viel mehr zersetzt, und das Sublimat mehr oder weniger gefärbt. Es lässt sich wieder entfärben, wenn man etwas Ammoniak zusetzt, oder es an trockenen Tagen an die Luft stellt, wobei das färbende Jod allmählich in die Luft verfliegt.

Jodwasserstoffsaure Magnesia, die unmittelbar zusammengesetzt wird, ist zerfliesslich und schwer zu krystallisiren; und erhitzt man sie ohne Beitritt der Luft bis zum Rothglühen, so entweicht die Säure ebenso, wie aus der chlorwasserstoffsauren Magnesia. Als ich Jod, Magnesia und Wasser mit einander erhitzte, erhielt ich ein flockiges Product, das ganz wie gut bereiteter mineralischer Kermes aussah, und eine kaum gefärbte Flüssigkeit, welche jodwasserstoffsaure Magnesia enthielt, auch etwas jodsaure Magnesia, doch nur in geringer Menge. Als ich diese Flüssigkeit abdampfte, setzte sich an den Wänden der Schale ein flohfarbner, den eben erwähnten [64] Flocken ganz ähnlicher Körper ab, und gegen das Ende der Operation färbte sich die Flüssigkeit sehr stark, weil dann die beiden Salze einander wie beim jodwasserstoffsauren Kalke zersetzen; und zwar war die Färbung sehr viel stärker als bei diesem. Bringt man

---

*) Zu solchen Erhitzungen von Auflösungen jodwasserstoffsaurer Salze, ohne Berührung der Luft, nehme ich eine Retorte, an deren Hals ich eine Entbindungsröhre kitte, welche zwei U-förmig gestaltete Schenkel hat. Wenn der Wasserdampf alle Luft aus der Retorte ausgetrieben hat, so bringe ich den senkrecht aufsteigenden Schenkel in eine Glocke voll Wasserstoffgas oder Stickgas, so dass er sich über dem Wasserspiegel öffnet. *Gay-Lussac.*

den flohfarbenen Körper auf eine glühende Kohle, so zersetzt er sich, Jod entweicht und Magnesia bleibt zurück; er wird auch durch Kali zersetzt. Lässt man wenig Wasser über ihm kochen, so verändert er die Farbe nicht merklich, das Wasser aber nimmt etwas jodwasserstoffsaure und jodsaure Magnesia in sich auf; ist des Wassers viel, so bleibt reine Magnesia zurück, und das Wasser enthält beide Salze. Es scheint mir hieraus zu erhellen, dass der flohfarbene Körper Jodmagnesia ist, welche sich aus der jodwasserstoffsauren und der jodsauren Magnesia, wenn sie eine gewisse Concentration erreicht haben, bildet. Ist in der That sehr viel Wasser vorhanden, so bleibt keine Jodmagnesia nach, und erst in dem Maasse, wie man die Lösung concentrirt, setzt sie sich ab.

[65] Das jodwasserstoffsaure und das jodsaure Salz des Kalis, so wie diese beiden Salze des Natrons, zeigen ein solches Verhalten nicht; diese Erscheinung kommt erst bei den beiden Salzen des Strontians vor, ist stärker bei denen des Kalks, und sehr stark bei denen der Magnesia. Die letztere alkalische Basis hat aber geringere Verwandtschaften als die andern, und vielleicht liegt es daher bloss an den noch schwächeren Verwandtschaften, welche das Zinkoxyd, das Eisenoxyd und die andern Metalloxyde haben, vermöge der sie die Jodwasserstoffsäure und die Jodsäure nicht stark genug verdichten, um sie zu verhindern, auf einander einzuwirken, dass diese Metalloxyde, mit Jod und Wasser behandelt, nicht jodwasserstoffsaure und jodsaure Metallsalze zugleich bilden, obgleich sich diese Salze einzeln erhalten lassen.

Jodwasserstoffsaures Zink ist leicht zu erhalten, wenn man Jod mit Zink im Ueberschuss und mit Wasser in Berührung bringt, und ihre Einwirkung auf einander befördert, wie ich das schon S. 13 gezeigt habe. Ich habe oft, aber immer umsonst versucht, es krystallisiren zu lassen, weil es ausserordentlich zerfliesslich ist. In der Hitze trocknet es, schmilzt dann, verflüchtigt sich, und setzt sich in schönen prismatischen Krystallen ab, denen ähnlich, welche man beim Oxydiren [66] des Spiessglanzes erhält; und es zersetzt sich bei dieser Operation nicht, wenn man es gegen den Zutritt der Luft schützt. Lässt man dagegen Luft zutreten, so entweicht das Jod und Zinkoxyd bleibt zurück. Dieses getrocknete jodwasserstoffsaure Zink ist von dem Jodzink nicht verschieden. Nach einem Mittel aus 3 nur wenig abweichenden Versuchen finde ich bestehend das Jodzink wie folgt, woraus sich die Mischung des zweiten Salzes folgern lässt:

Jodzink			Jodwasserstoffsaures Zink		
Jod	100	Theile	Säure	100	Theile
Zink	26,225	-	Zinkoxyd	32,352	-

Andere jodwasserstoffsaure Oxyde. Ich habe Auflösungen jodwasserstoffsauren Kalis oder Natrons auch zu den anderen Metallauflösungen gesetzt. Dabei gaben mir keine Niederschläge: Mangan-, Nickel- und Kobaltauflösungen, welches beweist, dass diese jodwasserstoffsauren Metalle im Wasser auflöslich sind. Ueberhaupt aber scheint dieses sich dahin verallgemeinern zu lassen, dass alle Verbindungen des Jod mit den Metallen, welche das Wasser zersetzen, diese Eigenschaft besitzen. [67] Dagegen hat mir jodwasserstoffsaures Natron Niederschläge mit den Auflösungen der Metalle gegeben, welche das Wasser nicht zersetzen. Diese Niederschläge hatten folgende Farben: vom Kupfer gräulich-weiss; vom Blei schön orangegelb; vom Quecksilberoxydul grünlich-gelb und vom Quecksilberoxyd orange-roth; vom Silber weiss und vom Wismuth kastanienbraun. Ich halte alle diese Niederschläge für Jodmetalle, und das mit so viel grösserem Rechte, da die jodwasserstoffsauren Salze der sehr oxydirbaren Metalle, wenn man sie bei mässiger Wärme trocknet, sich in Jodmetalle verwandeln, die Kraft aber, welche alle diese Niederschläge unauflöslich macht, viel wirksamer sein muss, als eine schwache Temperatur-Veränderung, wie sie hinreicht, ein jodwasserstoffsaures Metallsalz in ein Jodmetall zu verwandeln.

Um zu richtigen Vorstellungen über die **Natur der Verbindungen** zu gelangen, welche entstehen, wenn Metalle mit Wasser und entweder mit Schwefel, oder mit Jod oder mit Chlor in Berührung sind, wird es nicht überflüssig sein, [68] die Beziehung nachzuweisen, in der diese Verbindungen zu einander stehen.

Nur Schwefelmetalle, deren Metall eine viel grössere Verwandtschaft als der Wasserstoff zu dem Sauerstoffe hat, [Kalium, Natrium u. s. f.] sind im Wasser auflöslich und lassen sich, wenn sie im Wasser aufgelöst sind, mit einiger Wahrscheinlichkeit für schwefelwasserstoffsaure Metallbasen nehmen. Zink und Eisen zersetzen zwar auch das Wasser, haben aber nicht eine so ausgezeichnet grössere Verwandtschaft zum Sauerstoffe, als der Wasserstoff, dass ihre Verwandtschaft zum Sauerstoff und die des Schwefels zum Wasserstoff zusammen genommen grösser wären, als die des Sauerstoffs zum Wasserstoff und des Metalls zum Schwefel. Die Verwandtschaft der Oxyde zur Schwefelwasserstoffsäure bringe ich hierbei nicht in Anschlag, weil sie im Verhältniss gegen die andern Verwandtschaften nur sehr schwach sein kann. Und noch viel mehr müssen aus Metallen, die den Sauerstoff dem Wasserstoff abtreten, wenn sie auf Wasser und Schwefel einwirken, bloss Schwefelmetalle entstehen, welche das Wasser nicht zu zersetzen vermögen, und im Wasser unauflöslich sind.

Das Jod hat zum Wasserstoff eine grössere Verwandtschaft als der Schwefel, und daher müssen bei ihr unter ähnlichen Umständen die Kräfte, welche das Wasser zu zersetzen streben, mit mehr Stärke [69] als beim Schwefel wirken*). In der That finden wir auch, dass alle Metalle, welche mit dem Schwefel in auflösliche Verbindungen treten, eben solche Verbindungen mit dem Jod geben, und dass überdem alle andern Metalle, die das Wasser zersetzen, Jodmetalle erzeugen, welche im Wasser auflöslich sind. Die Jodmetalle dagegen, deren Metall weniger Verwandtschaft zum Sauerstoffe hat als der Wasserstoff, sind unauflöslich, ebenso wie ihre Schwefelmetalle.

Da das Chlor an Verwandtschaft zum Wasserstoff das Jod sowohl als den Schwefel gar sehr übertrifft, so muss, dieser Ansicht zu Folge, von den Chlormetallen noch eine weit grössere Menge im Wasser auflöslich sein. Und so verhält es [70] sich wirklich. Nicht nur alle Metalle, deren Jodmetall auflöslich ist, sondern auch Blei, Wismuth, Gold, Platin geben auflösliche Chlormetalle, und auch das zweite Chlorkupfer und das zweite Chlorquecksilber**) sind im Wasser auflöslich.

Diese Vergleichung bestätigt es also, dass den oxydirbarsten Metallen, und den Radikalen, welche die grösste Verwandtschaft zum Wasserstoff haben, das grösste Bestreben eigen ist,

---

*) Zwar hat das Jod auch zum Kalium und den andern Metallen mehr Verwandtschaft als der Schwefel; wahrscheinlich aber übertrifft bei dem Jod im Vergleich mit dem Schwefel die Zunahme jener Kraft, welche das Wasser zu zersetzen strebt, die dieser Kraft, welche es zu erhalten sucht, an Grösse.

**) Das erste Chlorkupfer und Chlorquecksilber sind unauflöslich, die zweiten Chlorverbindungen beider Metalle sind aber sehr auflöslich. Diese Verschiedenheit liesse sich zwar auch in der Hypothese erklären, dass die Chlormetalle sich nur insofern im Wasser auflösen, als sie es zersetzen, doch scheint sie mir der andern Hypothese günstiger zu sein, dass die Chlormetalle sich im Wasser unzersetzt aufzulösen vermögen. Das erste Chlorkupfer und -quecksilber entspricht den Oxydulen, das zweite den Oxyden dieser beiden Metalle, daher ich jenes *Protochlorür*, dieses *Deutochlorür* nenne.

mit einander Verbindungen zu bilden, welche im Wasser auflöslich sind, und welche das Wasser sehr wahrscheinlich zersetzen.

Ich habe versucht, mehrere **jodwasserstoffsaure Salze durch Säuren zu zersetzen**, in denen der Sauerstoff sehr verdichtet ist, habe aber kein [71] befriedigendes Resultat erhalten. Concentrirte Phosphorsäure entband aus jodwasserstoffsaurem Strontian und jodwasserstoffsaurem Kali sehr stark gefärbte Jodwasserstoffsäure. Borsäure bewirkt keine merkbare Zersetzung, weil sie zu schwach ist, so lange die Mengung Wasser enthält, und ist dieses nicht mehr vorhanden, so hat sich das jodwasserstoffsaure Metallsalz in ein Jodmetall verwandelt. Die **Chlorwasserstoffsäure** zersetzt die jodwasserstoffsauren Salze eben so wenig, weil sie flüchtiger als die Jodwasserstoffsäure ist; wohl aber zersetzt sie im Gaszustande die Jodmetalle mit Beihülfe der Wärme. Als ich einen Strom Chlorwasserstoffgas durch eine Barometerröhre über Jodkalium fortstreichen liess, welches geschmolzen worden war, blieb es in der gewöhnlichen Temperatur unzersetzt; als aber die Röhre beinahe bis zum dunklen Rothglühen erhitzt wurde, erhielt ich Jodwasserstoffgas, dem nur eine geringe Menge Chlorwasserstoffgas beigemengt war. Mit Jod-Strontium und Jod-Calcium geht die Zersetzung weit besser vor sich. Dieses Mittel lässt sich mit Vortheil brauchen, um Jod-Wasserstoffgas zu bereiten.

---

[72] *Jodhaltige Hydrojodate.*

Alle Hydrojodate haben die Eigenschaft, Jod reichlich zu lösen und sich dabei dunkel rothbraun zu färben. Sie halten dasselbe indessen nur mit geringer Kraft zurück, denn sie lassen es beim Sieden und beim Eintrocknen an der Luft entweichen. Auch ändert das Jod die Neutralität der Hydrojodate nicht, und die rothbraune Färbung der Flüssigkeit, die der der anderen Jodlösungen ähnlich ist, ist ein neuer Beweis für die Schwäche der Verbindung. Man kann sie offenbar nicht den geschwefelten Sulfiten vergleichen, in welchen der Schwefel die Rolle einer Säure zu spielen scheint; sie haben vielmehr den Charakter gewöhnlicher Lösungen. Ich weiss wohl, dass die Verbindung und die Lösung von derselben Kraft abhängen; man kann aber beide unterscheiden, indem man die Lösung als eine Verbindung bezeichnet, bei welcher keine Sättigung der Eigenschaften eintritt. Schliesslich hat es keinen Nachtheil, den Namen jodhaltiges Hydrojodat [73] einzuführen, wenn man sich eine genaue Vorstellung von diesen Verbindungen macht.

Jodsaure Salze.

Wenn Jod, alkalische Oxyde und Wasser auf einander einwirken, so entstehen, wie wir gesehen haben, stets zugleich ein jodwasserstoffsaures Salz und ein jodsaures Salz, und ich habe die Mittel gezeigt, wie sich beide völlig von einander trennen lassen. Die übrigen jodsauren Oxyde lassen sich entweder durch doppelte Zersetzung erhalten, oder durch unmittelbares Sättigen des Oxyds mit Jodsäure oder mit dem flüssigen Chlorjod, welches, wie wir gesehen haben (S. 26), eine Mengung von Jodsäure mit Chlorwasserstoffsäure ist, oder sich wenigstens wie eine solche Mengung verhält.

Nur sehr wenige jodsaure Salze verpuffen auf glühenden Kohlen; das jodsaure Ammoniak detonirt.

Sie sind insgesammt auflöslich in Chlorwasserstoffsäure unter Entbindung von Chlor; die Auflösung enthält Jodchlorür.

Durch schweflige Säure und durch Schwefelwasserstoffsäure werden sie zersetzt, wobei sich das Jod entbindet. Chlor zerlegt sie nicht. Schwefelsäure, Salpetersäure und Phosphorsäure [74] können auf sie in der niederen Temperatur nicht anders einwirken, als in so fern sie sich eines Theils ihrer Basis bemächtigen.

In dunkler Rothglühhitze zersetzen sich alle jodsauren Salze; einige geben bloss Sauerstoffgas, die andern Sauerstoffgas und Jod her.

Alle sind unauflöslich in Alkohol vom spec. Gewicht 0,82.

Jodsaures Kali habe ich nur in kleinen körnigen Krystallen erhalten, die sich in beinahe kubischer Gestalt zusammen häufen. Es verpufft auf glühenden Kohlen, wie der Salpeter. An der Luft verändert es sich nicht. Es lösen sich davon 7,43 Theile in 100 Theilen Wasser von $14\frac{1}{4}^0$ C. Wärme auf. Das jodsaure Kali zersetzt sich in einer Hitze, welche etwas grösser ist als die, in der die chlorsauren Salze zerlegt werden; dabei entbindet sich Sauerstoffgas und bleibt Jodkalium zurück, welches mit Wasser eine neutrale Auflösung giebt. Befände sich in diesem Rückstande das Metall im Zustande des Oxyds, so würde sich beim Auflösen in Wasser jodsaures und jodwasserstoffsaures Kali bilden, und schweflige Säure würde aus der Auflösung Jod niederschlagen. Diesem zu Folge muss man, will man sich durch Behandeln von Jod mit Kali und Wasser reines jodwasserstoffsaures Kali verschaffen, [75] die Auflösung bis zur Trockniss abdampfen, und den Rückstand schmelzen; löst man ihn dann in Wasser auf, so kann man sicher sein, bloss jodwasserstoffsaures Kali zu erhalten, welches jedoch immer Ueberschuss an Basis enthalten wird. Nach mehreren Versuchen über die Zersetzung des jodsauren Kalis durch Hitze finde ich, dass es in 100 Theilen enthält

Sauerstoff 22,59 Theile
Jodkalium 77,41 -

Nun aber haben wir gesehen, dass 100 Theile Jod sich mit 26.225 Theilen Zink verbinden. Ferner vereinigen sich 100 Theile Zink, nach meinen Versuchen, mit 24,41 Theilen Sauerstoff, und 100 Theile Kalium, nach Herrn *Berzelius*, mit 20,425 Theilen Sauerstoff zu Kali. Folglich muss Jodkalium bestehen aus

Jod 100   oder   58,937 Theilen
Kalium 31,342   18,473 -
        131,342   77,41

[76] Die 18,473 Theile Kalium bedürfen aber nur 3,773 Theile Sauerstoff, um sich in Kali zu verwandeln. Folglich sind in dem jodsauren Kali 22,59 — 3,773 = 18,817 Theile Sauerstoff an 58,937 Theilen Jod gebunden, und es besteht die Jodsäure in 100 Theilen aus

Jod 100   oder   31,321 Theilen
Sauerstoff 31,927   10 -

Es ist aber $5 \times 31,321 = 156,605$; und das erste Verhältniss, wonach Sauerstoff und Jod sich mit einander vereinigen, war das von $10:156,21$, wie wir es oben S. 13 bei dem jodwasserstoffsauren Zinke bestimmt haben. — Und verwandelt man das Gewichtsverhältniss in das Verhältniss der Räume, so findet sich, dass die Jodsäure besteht aus

Jod 1 Raumtheil
Sauerstoff 2,5 -

Es lässt sich nun ohne Schwierigkeit berechnen, wie viel beim Auflösen von Jod in Kali verhältnissmässig sich Jodkalium und jodsaures Kali bilden müssen. Da nämlich 100 Theile jodsaures Kali 22,59 Theile Sauerstoff enthalten, wovon 3,773 Theile dem Kalium angehören, so müssen die übrigen mit dem Jod verbundenen 18,817 Theile [77] entweder von dem Kali herrühren, welches zum Bilden des Jodkalium gedient hat, oder, was auf eins herauskommt, von dem Wasser, dessen Wasserstoff zum Erzeugen des jodwasserstoffsauren Kalis verwendet worden ist. Nun aber gehören zu 18,817 Theilen Sauerstoff 92,127 Theile Kalium, und zu so viel Kalium 293,94 Theile Jod. Folglich bilden sich auf 100 Theile jodsaures Kali 386,067 Theile Jodkalium, das ist 5 Mal mehr, als das jodsaure Kali durch seine Zersetzung hergeben würde. Dasselbe ergiebt sich unmittelbar aus dem Verhältniss, worin der Sauerstoff des Jods und der des Kalium zu einander stehen; denn dieses Verhältniss ist 18,817 : 3,773, also sehr nahe gleich 5 : 1.

Um die Menge von jodwasserstoffsaurem Kali zu finden, welche 100 Theilen jodsaurem Kali entspricht, muss man zu 92,127 Theilen Kalium 18,817 Theile Sauerstoff, und zu 293,940 Theilen und 2,497 Theile Wasserstoff hinzufügen, welche den Sauerstoff des Kalium sättigen, und so ergeben sich 407,381 Theile jodwasserstoffsaures Kali.

Jodsaures Natron krystallisirt in kleinen Prismen, die gewöhnlich büschelförmig vereinigt sind; ich habe es auch in kleinen Körnern erhalten, welche kubisch zu sein schienen. Es schmilzt auf Kohlen, [78] wie der Salpeter, und zersetzt sich in einer Temperatur, welche die dunkle Rothglühhitze noch nicht erreicht, unter Entweichen des Sauerstoffgases und einer sehr kleinen Menge Jod, daher das zurückbleibende Jodnatrium ein wenig alkalisch ist. Wasser von $14\frac{1}{4}^{\circ}$ C. Wärme löst in 100 Theilen 7,3 Theile dieses Salzes auf. Es enthält kein Krystallwasser, und verändert sich nicht an der Luft. Ich habe gefunden, dass es beim Zersetzen durch Feuer auf 100 Theile 24,45 Theile Sauerstoff entbindet; berechnet man diese Menge nach den Oxydationsverhältnissen des Kalium und Natrium und der Mischung des jodsauren Kalis, so finden sich 24,43 Theile. Ich gebe dieser letzteren Zahl den Vorzug. Ihr zu Folge besteht das jodsaure Natron in 100 Theilen aus

Sauerstoff   24,432 Theilen
Jodnatrium 75,568   -

Ich habe durch Abdampfen einer Natronauflösung, in die ich so lange Jod zugesetzt hatte, bis sie anfangen wollte, sich zu färben, schöne sechsseitige, an den Enden senkrecht auf der

Axe abgestumpfte Säulen erhalten, welche sehr alkalisch und sehr leicht auflöslich waren, viel Krystallwasser enthielten und auf Kohlen lebhaft verpufften. Da sie sich mitten in einer Flüssigkeit gebildet hatten, [79] welche jodwasserstoffsaures Natron enthält, so war es nicht zu verwundern, dass Chlor aus ihnen Jod abschied. Ich halte sie für **basisches jodsaures Natron**. Durch Zusetzen von Natron zu einer neutralen Auflösung jodsauren Natrons habe ich dieses zwar ganz in Krystalle verwandelt, aber nicht in grosse, sondern in Büschel seidenartiger Nadeln, die sich an der Luft nicht veränderten, obgleich sie sehr alkalisch waren. Es giebt auch ein krystallisirbares **jodsaures Kali** mit Ueberschuss an Basis. Ueberhaupt ist der Jodsäure und der Jodwasserstoffsäure das Bestreben eigen, **basische Salze zu bilden**.

Jodsaures Kali sowohl als Natron **detoniren** mit Schwefel vermengt durch Schlagen, doch nur sehr schwach. Dass sie in der Bereitung des **Schiesspulvers** dem Salpeter nachstehen, lässt sich durch eine sehr einfache Berechnung nachweisen. Salpeter giebt durch Zersetzung in der Hitze aus 100 Theilen 53,62 Theile Gas, das jodsaure Kali dagegen nur 22,59 Theile Gas. Abgesehen von dem Unterschiede in der Dichtigkeit des Sauerstoffgases und des Stickgases [80] (ersteres verwandelt sich beim Entzünden des Pulvers grösstentheils in kohlensaures Gas, verändert aber dadurch sein Volumen nicht), so hat der Salpeter vor dem jodsauren Kali den Vorzug, 2,3 Mal so viel Gas als dieses herzugeben. Doch könnte das mit jodsaurem Kali bereitete Pulver sich vielleicht schneller entzünden, als das Schiesspulver mit Salpeter.

Jodsaures Ammoniak lässt sich nicht anders erhalten, als durch Sättigen von Jodsäure, oder von Chlorjod-Auflösung, mit Ammoniak. Man erhält es in kleinen körnigen Krystallen, deren Gestalt ich nicht habe erkennen können. Wirft man es auf glühende Kohlen oder auf einen heissen Körper, so detonirt es zischend, mit violettem Lichte und unter Entweichen von Joddämpfen. Ich habe versucht, es durch Erhitzen in einer Glasröhre zu zersetzen, es zersprengte aber den Apparat; doch hatte ich Gas genug erhalten, um mich überzeugen zu können, dass es aus einer Mengung von Sauerstoffgas und Stickgas bestand. Durch Berechnung nach den vorhergehenden Bestimmungen finde ich die Mischung desselben wie folgt:

Jodsäure 100 Theile
Ammoniak 10,94 -

[81] Nun aber enthalten 100 Theile Jodsäure 75,80 Theile Jod; und da die Dichtigkeit des Joddampfs 8,6195 und die des Ammoniakgases 0,59669 ist, so entspricht diesem das Volumenverhältniss von 8,794 : 17,587, das ist von 1 : 2. Also ist das jodsaure Ammoniak dem Volumen nach zusammengesetzt aus

    Ammoniakgas 2 Raumtheilen
    Joddampf   1 -
    Sauerstoffgas 2,5 -

Werden die 2 Raumtheile Ammoniakgas zersetzt, so geben sie 1 Raumtheil Stickstoff und 3 Raumtheile Wasserstoff. Diese letzteren bedürfen, um gesättigt zu werden, 1,5 Raumtheile Sauerstoff; folglich bleibt beim Detoniren noch 1 Raumtheil Sauerstoff übrig. Ich habe in der That beim Detoniren des jodsauren Ammoniaks als Rückstand von Stickgas und Sauerstoffgas ungefähr gleiche Raumtheile erhalten.

  Jodsaurer Baryt wird sehr leicht erhalten, sowohl durch doppelte Verwandtschaft, als wenn man Jod in Barytwasser schüttet. Er schlägt sich als ein schweres Pulver nieder, welches man nach einigem Waschen rein erhält; beim Trocknen [82] ballt es sich und wird mehlig. Auch wenn man ihn lange Zeit in einer Hitze von 100° C. erhalten hat, giebt er bei stärkerem Erhitzen, ehe er sich zersetzt, Wasser her; er scheint mir daher gebundenes Wasser zu enthalten. Die Producte der Zersetzung sind Sauerstoff, Jod und dem Anscheine nach reiner Baryt, der kein Jod enthält (obgleich dieses sich mit dem Baryt aus salpetersaurem Baryt verbindet), und sich nur sehr langsam in Wasser auflöst: Eigenschaften, welche ich dem Wasser zuschreiben möchte, das der jodsaure Baryt gebunden in sich enthält. Der jodsaure Baryt ist das am wenigsten auflösliche unter allen jodsauren Salzen mit alkalischen Oxyden; es lösen 100 Theile Wasser von ihm auf: bei 13° C. Wärme nur 0,03, und bei 100° Wärme 0,16 Gewichtstheile. Er besteht aus

    Jodsäure 100 Theilen
    Baryt   46,340 -

Auf glühenden Kohlen verpufft er nicht, sondern zeigt nur von Zeit zu Zeit ein schwaches Leuchten. Diese Verschiedenheit von dem jodsauren Kali [83] beruht auf zwei Gründen: erstens reducirt das Jod zwar das Kali, aber nicht den Baryt; zweitens kommt bei der Unschmelzbarkeit des jodsauren Baryts und des festen Products seiner Zersetzung nur der kleinste Theil des entweichenden Sauerstoffs mit den Kohlen in unmittelbare Berührung, der übrige entweicht, ohne zu dem Verbrennen der

Kohle beizutragen, indess jodsaures Kali und Jodkalium schmelzbar sind, und also alle Theile des Salzes, ehe sie sich zersetzen, mit der Kohle in Berührung kommen und das Verbrennen lebhafter machen. Mehrere schwefelsaure Salze, welche sich in der Hitze zersetzen und ihren Sauerstoff fahren lassen, z. B. der Alaun und das schwefelsaure Zink, verpuffen und detoniren nicht, bloss aus diesem letzteren Grunde.

Jodsaurer Strontian lässt sich auf eben die Art wie das vorige Salz erhalten, und setzt sich in kleinen Krystallen ab, welche, durch die Lupe besehen, Octaeder zu sein scheinen. Auch er giebt Wasser her, ehe er sich in der Hitze zersetzt, und die Producte [84] seiner Zersetzung sind denen des jodsauren Baryts ganz ähnlich. Es lösen sich auf in 100 Theilen Wasser von 15^0 C. Wärme 0,24, und von 100^0 Wärme 0,73 Theile.

Jodsaurer Kalk ist meistentheils pulverartig, kann aber aus chlorwasserstoffsauren oder jodwasserstoffsauren Kalk, der seine Auflöslichkeit vermehrt, krystallisiren, und er kommt dann vor in kleinen vierseitigen Prismen. Es lösen 100 Theile Wasser davon auf bei 18^0 Wärme 0,22, und bei 100^0 Wärme 0,98 Theile. Er schien mir ungefähr 3 Procent Wasser zu enthalten. Beim Zersetzen in der Hitze giebt er ganz übereinstimmende Producte mit den beiden vorigen Salzen. Alle drei erfordern eine höhere Hitze als das Kalisalz, um zersetzt zu werden

Von den übrigen jodsauren Salzen habe ich viele durch doppelte Zersetzungen dargestellt. — Salpetersaures Silber giebt mit jodsaurem Kali und selbst mit Jodsäure einen weissen Niederschlag jodsauren Silbers, der in Ammoniak sehr auflöslich ist, und wieder erscheint, wenn man das Ammoniak mit schwefliger Säure sättigt, [85] dann aber keine Auflöslichkeit in Ammoniak mehr hat, weil er sich dabei in Jodsilber verwandelt. Dieser Versuch giebt uns ein Mittel an die Hand, in einer Verbindung, worin Chlorwasserstoffsäure, Jodwasserstoffsäure und Jodsäure zugleich vorhanden sind, diese Säuren zu erkennen und von einander zu scheiden. Man fälle sie mit salpetersaurem Silber, und behandle die Niederschläge mit Ammoniak; die durch Jodsäure und durch Chlorwasserstoffsäure gebildeten werden davon aufgelöst; sättigt man aber dann die Auflösung mit schwefliger Säure und behandelt sie dann mit Ammoniak, so wird das Chlorsilber allein aufgelöst.

Beim Behandeln von frisch niedergeschlagenem und gut gewaschenem Zinkoxyd mit Jodsäure habe ich ein staubartiges, wenig auflösliches Salz erhalten, das auf Kohlen verpufft, doch sehr viel schwächer als jodsaures Kali. Dasselbe Salz erhält man, wenn man schwefelsaure Zinkauflösung mit der Auflösung eines auflöslichen jodsauren Salzes vermengt; der Niederschlag bildet sich nicht sogleich, erst nach einigen Stunden setzen sich sehr kleine Krystalle, manchmal in ganz kugelförmigen Körnern ab, welche **jodsaures Zink** sind. Es ist nothwendig, damit der Versuch gelinge, dass das schwefelsaure Zink nicht sehr concentrirt sei; [86] denn seine Zähigkeit würde die kleinen Theilchen verhindern sich zu bewegen, und folglich das jodsaure Zink sich zu bilden und abzusondern.

Auflösungen von **Blei**, von **salpetersaurem Quecksilberoxydul**, von **Eisenoxydul**, von **Wismuth** und von **Kupfer** geben mit jodsaurem Kali weisse, in den Säuren auflösliche Niederschläge. Auflösungen von **Quecksilberoxyd** und von **Mangan** trübten sich mit jodsaurem Kali nicht.

Es giebt keine **jodhaltenden jodsauren Salze**, wenigstens ist es mir nicht gelungen, irgend eins zu bilden. Die jodsauren Salze und die Jodsäure lösen nicht einmal von dem Jod mehr auf, als das Wasser.

Um die chemische Geschichte der Salze, welche durch das Jod gebildet werden, zu vollenden, ist uns noch folgende Frage zu untersuchen übrig: Wenn eine Basis unter Mitwirkung von Wasser auf das Jod einwirkt, sind dann die beiden Salze, welche sich erhalten lassen, gleich von dem Augenblick der Einwirkung an in der Auflösung einzeln vorhanden, oder bilden sie sich nicht eher, als bis irgend eine andere Ursache sie bestimmt, sich zu trennen?

Vollkommen neutrale Auflösungen von jodsaurem Kali und von jodwasserstoffsaurem Kali zersetzen einander nicht, wenn man sie zusammengiesst; fügt man aber noch irgend eine Säure hinzu (selbst Kohlensäure nicht ausgeschlossen, welche von der Jodwasserstoffsäure und der Jodsäure aus allen ihren Verbindungen ausgetrieben wird), [87] so schlägt sich Jod nieder, indem dann die Jodsäure und die Jodwasserstoffsäure einander zersetzen.

Um aber eine Mengung aus diesen beiden Salzauflösungen zu machen, welche mit der Auflösung vollkommen übereinstimmt, die man erhält, wenn Jod, Kali und Wasser auf einander einwirken, und die immer alkalisch ist, muss man jener Mengung so viel Kali zusetzen, dass sie bis zu demselben Grad von Alkalität als diese gebracht wird; beide lassen sich dann nicht von einander unterscheiden.

Es scheint also, dass das jodsaure Kali und das jodwasserstoffsaure Kali in dem Augenblicke entstehen, in welchem Jod, Kali und Wasser auf einander wirken, dass aber immer der Sauerstoff der Jodsäure und der Wasserstoff der Jodwasserstoffsäure ein grosses Bestreben behalten, sich zu vereinigen, und dass es hinreicht, dieses zu begünstigen, um die Vereinigung erfolgen zu sehen. Die Jodsäure und die Jodwasserstoffsäure, und überhaupt alle Säuren, die zugleich durch die beiden Elemente des Wassers gebildet werden, zerstören sich, wenn man sie mit einander vermischt*); dieses ist der Grund. [88] warum aus einer Mengung von Auflösungen jodsauren und jodwasserstoffsauren Kalis selbst die schwächsten Säuren Jod niederschlagen. Denn die Säure sei noch so schwach, immer zersetzt sie doch etwas von den beiden Salzen, wie Berthollet dargethan hat, und aus den abgeschiedenen Theilen beider Säuren fällt das Jod sogleich nieder. Die Zersetzung kann daher weit fortgehen, ohne vollständig zu werden.[12)]

Der merkwürdige Unterschied zwischen Auflösungen, die aus neutralem jodsaurem und jodwasserstoffsaurem Kali, und durch Zusetzen von Jod zu einer Kaliauflösung gebildet worden, dass das erstere neutral, die zweite aber immer alkalisch ist, scheint zwar dem entgegen zu sein, dass die beiden Salze sich sogleich bilden, sobald man das Jod in die Kaliauflösung bringt; denn man sollte erwarten, dass man dabei entweder eine vollkommene Sättigung des Alkalis erhalten, oder dass auch die Mengung des neutralen jodsauren und jodwasserstoffsauren Kalis alkalisch werden müsste, sobald sie gemacht wird. Allein wenn dieses nicht stattfindet, so muss man [89] bedenken, dass in einer Mengung mehrerer Körper nicht jedes Element in aller Strenge so wirkt, als wenn diese Elemente bloss gemengt wären und ihre Theilchen sich mit vollkommener Freiheit bewegen könnten. Vielmehr müssen wir annehmen, dass, um eine Verbindung aufzuheben, im Allgemeinen stärkere Kräfte erfordert werden, als nöthig waren, sie zu bilden. Unter dieser Voraussetzung können aber, wie man leicht sieht, die bleibende Neutralität einer Mengung neutralen jodsauren und jodwasserstoffsauren Kalis,

---

*) Hr. *Berthollet* hat bemerkt, dass schweflige Säure und Schwefelwasserstoffsäure mit einander bestehen können, wenn sie in vielem Wasser aufgelöst sind. Dasselbe ist der Fall mit den beiden Säuren des Jods, welche, wenn sie concentrirt sind und mit einander vermengt werden, einen reichlichen Niederschlag von Jod geben, sich aber nicht zersetzen, wenn sie sehr verdünnt sind.

und die Alkalität einer Auflösung von Jod in Kali, allerdings mit einander bestehen, und können folglich im letzteren Falle die beiden Salze sich bilden und in der Auflösung sich einzeln bestehend erhalten.

Jodwasserstoff-Aether.

Ich habe mich mit den Wirkungen des Jods auf Pflanzenkörper und auf thierische Körper nur wenig beschäftigt; auch sie dürften uns mehrere neue Verbindungen kennen lehren. Die Herren *Colin* und *Gaultier* haben die Verbindung des Jods mit der Stärke beschrieben, und ich will hier einen Aether bekannt machen, den die Jodwasserstoffsäure mit Alkohol bildet.

Ich vermischte 2 Raumtheile [90] absoluten Alkohol mit 1 Raumtheil farbiger Jodwasserstoffsäure vom spec. Gewichte 1,700, und destillirte die Mischung aus dem Wasserbade. Es ging eine vollkommen neutrale, farblose und durchsichtige, alkoholische Flüssigkeit über, welche mit Wasser versetzt sich trübte, und Tröpfchen einer Flüssigkeit fallen liess, die anfangs etwas milchig war, späterhin aber ganz hell und durchsichtig wurde, und die nichts anderes ist, als ein Jodwasserstoff-Aether. In der Retorte blieb stark gefärbte Jodwasserstoffsäure zurück. Es hatte sich also ein Theil des Alkohols mit Jodwasserstoffsäure zu einem Aether verbunden, der beim Destilliren zugleich mit dem übrigen Alkohol überging; und da das Jod, welches in diesem Theile der Säure aufgelöst war, zurückblieb, und sich mit dem zurückbleibenden Theile der Jodwasserstoffsäure verband, so zeigte sich dieser sehr stark gefärbt. Wahrscheinlich wurde die Säure durch die Einwirkung des Jods und des Wassers verhindert, sich ganz gar mit dem Alkohol zu verbinden.[13])

Der Jodwasserstoff-Aether ist vollkommen neutral, wenn man ihn mehrmals mit Wasser gewaschen hat; in diesem ist er nur sehr wenig auflöslich. Er hat einen starken Geruch, der zwar etwas Eigenthümliches hat, aber doch dem der andern Aetherarten ähnlich ist. Nach einigen Tagen wird er rosenfarben; diese Farbe nimmt aber nicht an Stärke [91] zu, und wird ihm von Kali oder Quecksilber auf der Stelle benommen, welche ihm das Jod entzieht, von dem die Farbe herrührt.

Die Dichtigkeit dieses Aethers ist 1,9206 bei 22,7° C. Wärme. — Sein Siedepunkt liegt, nach seiner Spannung bestimmt, bei 64,8° C.; durch directe Versuche habe ich ihn gefunden 64,5°.

Er ist nicht verbrennlich, und stösst auf glühenden Kohlen bloss purpurfarbene Dämpfe aus. — Das Kalium lässt sich darin aufheben, ohne sich zu verändern. — Kali verändert ihn nicht sogleich; eben so wenig Salpetersäure, schweflige Säure und Chlor. Schwefelsäure bräunt ihn ziemlich schnell.

Lässt man ihn durch eine rothglühende Röhre hindurchsteigen, so zersetzt er sich. Als Producte dieser Zersetzung habe ich ein Kohlenstoff haltendes brennbares Gas, sehr reine Jodwasserstoffsäure und etwas Kohle erhalten; und als ich Kalilauge in die Röhre brachte, in welcher die Zersetzung vorgegangen war, kamen daraus noch Flocken zum Vorschein, die sich weder in dem Kali noch in den Säuren auflösten, und nach mehrmaligem Waschen mit kaltem Wasser noch immer wie Aether, doch schwächer als der flüssige Aether rochen. In kochendem Wasser schmolzen diese Flocken und vereinigten sich zu einem Körper, der nach dem Erkalten an Farbe und Durchscheinendheit dem weissen Wachse glich, [92] sich auf glühenden Kohlen nicht entzündete, wohl aber Joddämpfe noch in grösserer Menge als der Jodwasserstoff-Aether ausstiess, und sich viel später als letzterer verflüchtigte. Diesen Eigenschaften zu Folge halte ich diesen Körper für einen besonderen Aether, und zwar für eine Verbindung der Jodwasserstoffsäure mit einem von dem Alkohol verschiedenen Pflanzenkörper.[14)]

Ich habe den flüchtigen Jodwasserstoff-Aether nicht analysirt; da ich aber finde, dass der Chlorwasserstoff-Aether nach *Thenard's* Analyse auf 1 Raumtheil Chlorwasserstoffgas $1/2$ Raumtheil reinen Alkohols enthalten muss, so glaube ich, dass auch er aus 1 Raumtheil Jodwasserstoffgas und $1/2$ Raumtheil Dampf reinen Alkohols bestehe. Und diesem zu Folge würde das Mischungsverhältniss sein, nach Gewichtstheilen ausgedrückt, des Jodwasserstoff-Aether 100 Theile Säure und 18,55 Theile Alkohol, und des Chlorwasserstoff-Aethers 100 Theile Säure und 64,67 Theile Alkohol. [93] Es ist auffallend, dass bei diesem Mischungsverhältnisse beider Aether der Jodwasserstoff-Aether gar nicht verbrennlich, der Chlorwasserstoff-Aether dagegen sehr verbrennlich ist. Ich möchte das erstere dem Umstande zuschreiben, dass die Jodwasserstoffsäure vom Sauerstoffe zersetzt wird, ohne entflammt zu werden, und dass dieser zu dünn wird, um zum Verbrennen des Alkohols etwas beizutragen; eine Vermuthung, die leicht zu bewähren wäre, wenn man etwas Jodwasserstoff-Aether in Sauerstoffgas zu verbrennen versuchte; ist sie gegründet, so muss er darin mit Flamme verbrennen.

Durchläuft man die Versuche noch einmal, welche ich in dieser Abhandlung beschrieben habe, so überzeugt man sich leicht, dass auch nicht einer unter ihnen uns berechtigt, das Jod für zusammengesetzt, und am wenigsten als Sauerstoff in sich schliessend zu betrachten. Dagegen fällt die grosse Aehnlichkeit auf, welche das Jod bald mit dem Schwefel, bald mit dem Chlor hat. Es erzeugt, wie diese beiden einfachen Körper, zwei verschiedene Säuren, die eine durch Verbindung mit Sauerstoff, die andere durch Vereinigung mit Wasserstoff; und von diesen durch Verbindung der beiden Elemente des Wassers mit Chlor oder Jod oder Schwefel zugleich entstehenden Säuren sind immer [94] die Bestandtheile der durch Sauerstoff gebildeten Säure sehr verdichtet, die Bestandtheile der durch Wasserstoff erzeugten Säure aber nur sehr schwach an einander gebunden.

Den Sauerstoff entzieht Schwefel dem Jod und Jod dem Chlor; umgekehrt aber wird der Wasserstoff von dem Chlor dem Jod und von dem Jod dem Schwefel entrissen. Diesem analog verhält sich auch der Kohlenstoff, denn der Schwefel entzieht ihm den Wasserstoff, tritt ihm aber den Sauerstoff ab. Es scheint daher im Allgemeinen, dass, je stärker ein Körper den Sauerstoff verdichtet, er den Wasserstoff desto weniger condensirt*). [95] Und dieses ist ohne Zweifel eine der Ursachen,

---

*) Auf diese Betrachtungen mich gründend, nehme ich keinen Anstand, den Stickstoff in eine Klasse zu setzen mit dem Sauerstoff, dem Jod, dem Chlor und dem Schwefel. Die Salpetersäure hat in der That viel Aehnliches mit der Jodsäure und der Chlorsäure, durch ihre leichte Zersetzbarkeit, und weil auch in ihr der Stickstoff mit $2^1/_2$ Mal seinem Volumen Sauerstoff vereinigt ist, gerade so wie die Basis in diesen Säuren. Die salpetersauren Salze werden in der Hitze eben so zersetzt, als die jodsauren Salze. Zwar ist kein Oxyd bekannt, aus welchem der Stickstoff den Sauerstoff austriebe; daraus ist indess bloss zu schliessen, dass er eine weit geringere Kraft als der Sauerstoff besitzt. Mit dem Chlor und dem Jod bildet der Stickstoff äusserst leicht zersetzbare Verbindungen; ein Beweis, dass er nur wenig Verwandtschaft zu ihnen besitzt und der Natur seiner Kraft nach ihnen nahe steht. Dass seine Verbindung mit dem Wasserstoff keine Säure ist, kommt ohne Zweifel daher, weil das Ammoniak 3 Raumtheile Wasserstoff gegen ein Raumtheil Stickstoff in sich schliesst, und zur Bildung einer Säure aus beiden wahrscheinlich gleiche Raumtheile von beiden erfordert werden. Die acide Verbindung von Stickstoff mit Wasserstoff haben wir, wie es mir scheint, in der Blausäure; denn nach einigen Versuchen, die ich angestellt

warum die sehr oxydirbaren Metalle, Eisen, Mangan u. s. w., sich nicht in Wasserstoff auflösen; ich sage, eine der Ursachen, denn wäre sie die einzige, so würde es unerklärbar sein, warum sich Quecksilber, Silber und Gold nicht mit dem Wasserstoff verbinden, da sie doch nur eine sehr schwache Verwandtschaft zum Sauerstoff haben.

Noch in vielem Andern kommt das Jod mit dem Schwefel und dem Chlor überein. Einige jodsaure Salze nähern sich gänzlich den chlorsauren, die meisten haben aber mehr Aehnlichkeit mit den schwefelsauren Salzen. Die Jod-, die Schwefel- und die Chlormetalle verhalten sich im Ganzen [96] auf einerlei Art zu dem Wasser, und Schwefel, Jod und Chlor wirken auf die Metalloxyde, sowohl für sich als unter Mitwirkung von Wasser, auf eine völlig ähnliche Weise. Kurz alle Eigenschaften des Jods finden sich unter denen des Schwefels und des Chlors wieder.

Es ist kaum nöthig zu bemerken, dass, wenn ich mich hier darauf beschränkt habe, das Jod mit dem Schwefel und mit dem Chlor zu vergleichen, dieses nicht deshalb geschehen ist, weil es nicht auch Aehnlichkeiten, obgleich weniger zahlreiche, mit dem Phosphor und mit mehreren anderen Körpern hat; sondern weil ich mich hier darauf habe beschränken müssen, es mit den Körpern zu vergleichen, denen es sich am meisten nähert, und zwischen welche man es, wie es mir scheint, in einer wissenschaftlichen Anordnung stellen muss.

Ich bin aber hierdurch darauf geführt worden zu zeigen, dass der Schwefel alle allgemeinen Eigenschaften des Chlor besitzt, und dass man folglich auch ihn in die Klasse der Körper versetzen muss, welche durch Vereinigung mit dem Wasserstoff Säuren bilden.

---

habe und bald bekannt machen werde, bin ich geneigt die Blausäure für eine Säure zu halten, die den Säuren aus Chlor, Jod oder Schwefel und Wasserstoff analog ist: nur dass ihr Radikal zusammengesetzt ist aus Stickstoff und aus Kohlenstoff. Die oxydirte Blausäure würde dann der Chlorsäure und der Jodsäure entsprechen.[15]

Anmerkungen.

¹) Die Abhandlung von *Gay-Lussac* über das Jod erschien, nachdem sie 1814 dem Institut vorgelegt war, im 91. Bande der Annales de Chimie, p. 5—96, sowie in demselben Jahre in einer besonderen Schrift. Sie wurde 1815 von *Gilbert* ins Deutsche übersetzt und in dessen Annalen, Bd. 49, S. 1—34 und 211—266 abgedruckt. Nach seiner Gewohnheit hatte dieser mancherlei Umstellungen vorgenommen und war mit dem Text bei der Uebersetzung etwas frei umgegangen. Dem vorliegenden Abdruck liegt die Uebersetzung *Gilbert's* zu Grunde, doch sind vom Herausgeber die Umstellungen und die Uebersetzungsfreiheiten rückgängig gemacht worden, indem der Text sorgfältig mit dem in den Annales de Chimie gegebenen in Uebereinstimmung gebracht wurde. Auf diesen Text beziehen sich auch die in eckigen Klammern [ ] angegebenen Seitenzahlen.

Die Abhandlung *Gay-Lussac's* ist geschichtlich eine der ersten, und für alle Zeiten eine der besten Monographieen eines einzelnen Elements und seiner wichtigsten Verbindungen, und hat als solche vielen nachfolgenden Arbeiten zum Vorbild gedient. Es findet sich in derselben eine solche Fülle genauer Beobachtungen und scharfsinniger Verwerthungen derselben, dass es für den werdenden Forscher kaum eine bildendere und für den fortgeschritteneren kaum eine genussreichere Lektüre giebt, als diese im eigentlichen Sinne klassische Arbeit. Der im Gegensatz zu den meisten seiner wissenschaftlichen Zeitgenossen überaus nüchterne *Gilbert* äussert sich, nachdem er »den ruhigen und sicheren Gang der Forschung, die Kürze und Vollständigkeit der Darstellung, das Genügende und Geistreiche der ganzen Behandlung, bei der nicht leicht irgend ein interessanter physikalischer Gegenstand zur Seite liegen bleibt, über den nicht belehrende Aufschlüsse gegeben werden« gerühmt hat, folgendermaassen: »Bei der völligen Neuheit der Sache und bei der bewunderungswürdigen Menge der herrlichen Versuche, die Herr *Gay-Lussac* hier erzählt, ist es, als befinde man sich in einer Feenwelt; und nicht leicht hat irgend eine Zaubergeschichte in den Knabenjahren mich durch das Wundervolle mehr überrascht und angezogen, als jetzt die Bearbeitung der chemischen Geschichte der Jodine und des Ausserordentlichen, das dieses Wesen bewirkt.«

Neben der formalen Bedeutung dieser Untersuchung ist noch ihre materiale zu erwähnen. Durch die Auffindung dieses Stoffes und seiner Aehnlichkeit mit dem Chlor, und durch die Unmöglichkeit, in demselben Sauerstoff zu finden, wurde der bis dahin von *Berzelius* mit Zähigkeit aufrecht erhaltenen Annahme, dass Chlor eine sauerstoffhaltige Verbindung sei, der Boden entzogen. Da indessen das Verdienst in dieser Richtung viel mehr *Humphry Davy* gebührt, so mag es bei dieser Andeutung sein Bewenden haben.

²) In dieser Bemerkung findet sich das Wesentliche für die von späteren Autoren (*Wanklyn* und *Berthelot*) ausführlicher auseinandergesetzte Theorie der gleichzeitigen Destillation zweier nicht mischbarer Flüssigkeiten.

³) Nach der Schilderung der Eigenschaften dieses rothen Körpers hatte *Gay-Lussac* offenbar bereits den später von *Schrötter* entdeckten rothen oder amorphen Phosphor in den Händen, welcher besonders leicht bei Gegenwart von etwas Jod entsteht.

⁴) Die cubischen weissen Krystalle sind Jodphosphonium, PH^4J, gewesen, so dass auch dieser Stoff zuerst von *Gay-Lussac* erhalten, wenn auch nicht untersucht worden ist.

⁵) Die vorstehende Rechnung auf Grundlage des von *Gay-Lussac* neun Jahre früher gefundenen Gesetzes der einfachen Volumverhältnisse bei der Verbindung gasförmiger Körper ist bemerkenswerth als eine der ersten Anwendungen dieser inzwischen zu höchster Bedeutung gelangten Beziehungen.

⁶) Diese Beobachtung, verbunden mit der S. 10 mitgetheilten, dass das Jodwasserstoffgas in Rothgluth theilweise zerfällt, dürfte zu den ersten über die Möglichkeit zweier entgegengesetzter Reactionen bei gleicher Temperatur gehören, doch hat *Gay-Lussac* allerdings ihre Bedeutung nicht erkannt.

⁷) Aus diesen Zahlen ergiebt sich das Atomgewicht $J = 122 \cdot 3$, während der richtige Werth $126 \cdot 86$ ist.

⁸) Es ist das alkalisch reagirende normale Carbonat, K^2CO^3, gemeint.

⁹) Hier hat *Gay-Lussac* wahrscheinlich vorübergehend Fluor isolirt.

10) Hier wie bei vielen folgenden Stellen beschäftigt sich *Gay-Lussac* mit den Schwierigkeiten, welche der Chemie jener Zeit dadurch entstanden, dass man die Salze als Verbindungen von Metalloxyd und Säureanhydrid ansah. Bei den Salzen der »Wasserstoffsäuren« liess sich diese Betrachtungsweise nicht durchführen, und es erschien andererseits schwer verständlich, wie der Wasserstoff dieser Säuren bei der Einwirkung z. B. auf »Kaliumoxyd« den mit so grosser Energie aufgenommenen Sauerstoff dem Kalium entziehen könne. Gegenwärtig werden alle Säuren als Wasserstoffsäuren angesehen. Doch ist dadurch, wie man gestehen muss, die letzterwähnte Schwierigkeit nur verallgemeinert, nicht beseitigt.

11) Vgl. die vorige Anmerkung.

12) Diese Betrachtung war von grosser Bedeutung für die Theorie von *Berthollet*, nach welcher unter allen Umständen bei der Concurrenz mehrerer Säuren um eine Basis eine Theilung stattfindet, indem sie zeigt, dass selbst in dem vorliegenden Falle, wo die zu verdrängenden Säuren zu den starken gehören, ein derartiger Vorgang eintritt; sie enthält gleichzeitig eine Theorie der Wirkung des Chlorkalks. Gegenwärtig, wo die Grundlagen der *Berthollet*'schen Theorie allgemein anerkannt sind, bedarf es allerdings nicht mehr derartiger einzelner Beweise.

13) Wir sehen hier zum ersten Male das Jodäthyl in der Chemie erscheinen. Es ist bekannt, welchen grossen Einfluss dieser überaus reactionsfähige Stoff auf die Entwicklung der organischen Chemie ausgeübt hat; ich brauche nur an die Reactionen zu erinnern, mittelst deren *A. W. Hofmann* die Aethylabkömmlinge des Ammoniaks, des Phosphor- und Arsenwasserstoffs erhalten hat.

14) Der fragliche Stoff ist wahrscheinlich das bei 81^0 schmelzende Aethylenjodid, $C^2H^4J^2$, doch scheint die immerhin interessante Reaction inzwischen nicht Gegenstand einer Untersuchung geworden zu sein, und die Vermuthung bedarf der Bestätigung.

15) *Gay-Lussac* hat dies Versprechen bald darauf (1815) durch eine Arbeit über die Blausäure eingelöst, welche an Bedeutung der gegenwärtigen kaum nachsteht, und durch welche auch *Berzelius*, der einflussreichste Gegner der Anerkennung der elementaren Natur des Chlors und Jods, überzeugt wurde.

Mai 1889.   **W. Ostwald.**

den Gebieten der **Mathematik**, **Astronomie**, **Physik**, **Chemie** (einschliesslich **Krystallkunde**) und **Physiologie** enthalten.

Die allgemeine Redaktion führt **Dr. W. Ostwald**, o. Professor an der Universität Leipzig; die einzelnen Ausgaben werden durch hervorragende Vertreter der betreffenden Wissenschaften besorgt werden. Für die Leitung der einzelnen Abtheilungen sind gewonnen worden: für Astronomie Prof. Dr. Bruns (Leipzig), für Mathematik Prof. Dr. Wangerin (Halle), für Krystallkunde Prof. Dr. Groth (München), für Physiologie Prof. Dr. G. Bunge (Basel), für Pflanzenphysiologie Prof. Dr. W. Pfeffer (Leipzig), für Physik Prof. Dr. Arth. von Oettingen (Dorpat).

Um die Anschaffung der Classiker der exakten Wissenschaften Jedem zu ermöglichen und ihnen weiteste Verbreitung zu sichern, ist der Preis für den Druckbogen à 16 Seiten auf ℳ —.20 festgesetzt worden.

Erschienen sind:

No. 1. **H. Helmholtz**, Erhaltung der Kraft. (1847.) (60 pag.) 80 ₰.
- 2. **Carl Fr. Gauss**, Allgemeine Lehrsätze in Beziehung auf die im verkehrten Verhältnisse des Quadrats der Entfernung wirkenden Anziehungs- und Abstossungs-Kräfte. (1840.) Herausgegeben von A. Wangerin, o. Prof. d. Mathematik (60 pag.) 80 ₰.
- 3. **J. Dalton** und **W. H. Wollaston**, Die Grundlagen der Atomtheorie. Abhandlungen. (1803—1808). Herausgegeben von W. Ostwald. Mit 1 Tafel. (30 pag.) 50 ₰.
- 4. **Gay-Lussac**, Untersuchungen über das Jod. (1814.) Herausgegeben von W. Ostwald. (52 pag.) 80 ₰.
- 5. **Carl Fr. Gauss**, Allgemeine Flächentheorie. (Disquisitiones generales circa superficies curvas.) (1827.) Deutsch herausgegeben von A. Wangerin. (62 pag.) 80 ₰.

In Vorbereitung befinden sich:

- 6. **E. H. Weber**, Über die Anwendung der Wellenlehre auf die Lehre vom Kreislaufe des Blutes und insbesondere auf die Pulslehre. Herausgegeben von Prof. G. Bunge. Mit 1 Tafel.
- 7. **F. W. Bessel**, Untersuchungen über die Länge des einfachen Secundenpendels. Herausgegeben von Prof. C. Bruhns.

Wilhelm Engelmann.